Laarej Merad
Mama Bouchaour

Electricité Générale

Laarej Merad
Mama Bouchaour

Electricité Générale

Exercices Corrigés

Noor Publishing

Cover image: www.ingimage.com

Publisher:
Noor Publishing
is a trademark of
International Book Market Service Ltd., member of OmniScriptum Publishing Group
17 Meldrum Street, Beau Bassin 71504, Mauritius

Printed at: see last page
ISBN: 978-620-2-35956-6

A LA MEMOIRE DE NOS PARENTS

PREFACE

Ce livre s'adresse à tous les étudiants en 1ère année d'études supérieures scientifiques (Classes préparatoires et 1er cycle universitaire; ST, SM, MI).
Il est composé de quatre chapitres sous forme de séries. Nous avons introduit les parties « faire le point », « application directe du cours » et « ce qu'il faut retenir des exemples » au début de chaque série.
À la suite de l'énoncé des exercices, il existe une partie sous forme de « conseils », se présenter ainsi :
– soit une idée de résolution est proposée;
– soit une question est posée pour la mise en évidence d'un phénomène;
– soit un théorème est énoncé,….
– Pour certains exercices nous mettons le lecteur en garde contre leur difficulté.
Nous souhaitons que cet ouvrage puisse aider de manière efficace une majorité d'étudiants.

BON COURAGE ! L.M et M.B

Dr. Laarej MERAD, enseignant et chercheur à l'Unité de Recherche « *Matériaux et Energies Renouvelables* », URMER, à l'Université de Tlemcen, Faculté des Sciences, Département de Physique, BP : 119, Tlemcen, 13000, Algérie.

E-mail : merad@mail.univ-tlemcen.dz

Dr. Mama BOUCHAOUR, enseignante et chercheur à Unité de Recherche « *Matériaux et Energies Renouvelables* », URMER à l'Université de Tlemcen, Faculté des Sciences, Département de Physique, BP : 119, Tlemcen, 13000, Algérie.

E-mail : m_bouchaour@mail.univ-tlemcen.dz

OBJECTIFS

Plusieurs intentions ont présidé à la rédaction de ce livre :

- Aider le lecteur à acquérir des connaissances organisées et structurées.
- Répondre, dans la mesure du possible aux questions qu'il peut se poser et éviter au maximum les « *sous-entendus* ».
- Assurer la compréhension des phénomènes avant d'en venir à leur formulation abstraite ou mathématique.

Grandeurs – coefficients

Considérons exclusivement les formules rationalisées. Deux grandeurs coefficients ont été introduites dans les formules d'électricité.

En électrostatique, dans la loi de Coulomb, on introduit la grandeur coefficient ε_0, permittivité du vide :

$$f = \frac{1}{\epsilon_0}\frac{q\acute{q}}{4\pi r^2}$$

En électromagnétisme, dans la loi de Biot et Savart, on introduit la grandeur-coefficient μ_0, perméabilité du vide.

$$\overrightarrow{dB} = \mu_0 \frac{\overrightarrow{\imath d l \vec{r}}}{4\pi r^3}$$

Remarque : Les grandeurs-coefficients sont souvent appelées, à tort, constantes universelles.

Equations aux dimensions

Nous savons que les grandeurs mécaniques dérivées peuvent s'exprimer en fonction de trois symboles dimensionnels L, M, T qui correspondent aux trois grandeurs, dites fondamentales, longueur, masse, temps.

On s'aperçoit alors que pour écrire les équations aux dimensions des grandeurs électriques, y compris celles des grandeurs-coefficients ϵ_0 et μ_0 il est nécessaire et suffisant de choisir une quatrième grandeur fondamentale qui doit être de nature électrique (permittivité, perméabilité, intensité de courant, charge, ….). Très souvent la charge électrique est choisie comme quatrième grandeur fondamentale (Q).

Lois de KIRCHHOFF EN REGIME CONTINU

a. Définitions

Réseau électrique : Toute association simple ou complexe de dipôles interconnectés, alimentée par un générateur.

Branche : partie dipolaire d'un réseau parcourue par un même courant.

Nœud d'un réseau : tout point du réseau commun à plus de deux branches.

Maille d'un réseau Tout chemin constituant une boucle et formé de plusieurs branches.

Dans le schéma de la figure ci-dessous, l'association de R_1, R_2, R_3, R_4 et R_5 formant le dipôle AC constitue un réseau électrique par le générateur de tension E. A, B, C et D sont les nœuds de ce réseau.

Le schéma montre trois mailles. Il en existe d'autres, par exemple, en partant du point A, on peut définir une maille qui comprend R_2, R_3, R_5, qui passe par D, puis C et qui rejoint A en incluant R_1

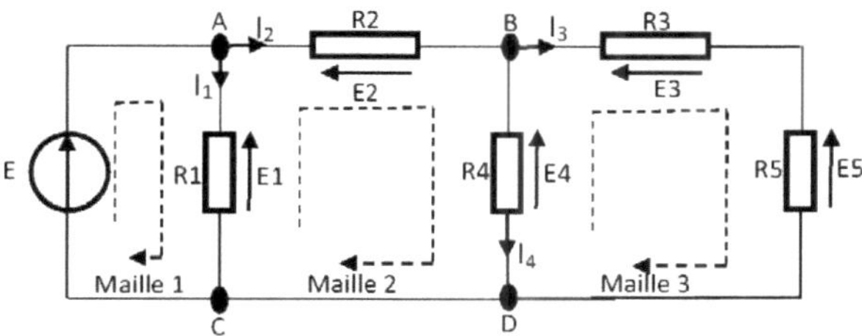

b. Loi des nœuds (Première loi de Kirchhoff)

La somme des courants se dirigeant vers un nœud est égale à la somme des courants qui sortent de ce nœud.

Ou encore : la somme algébrique des courants dirigés vers un nœud d'un circuit est nulle (en comptant positivement les courants dirigés vers le nœud et en comptant négativement ceux qui en sortant). Cette loi exprime le fait qu'il ne peut pas y avoir accumulation de charges en un point quelconque d'un conducteur du réseau. Dans notre exemple, on pourra écrire entre autres équations :

$I_0= I_1+ I_2$

$I_2= I_3+ I_4$

c. Loi des mailles (Deuxième loi de Kirchhoff)

La somme algébrique des différences de potentiel le long d'une maille, obtenue en parcourant la maille dans un sens donné, est nulle. Les différences de potentiel orientées dans le même sens que le sens de parcours de la maille sont comptées positivement. Les différences de potentiel orientées dans le sens opposé au sens de parcours de la maille sont comptées négativement.

Ainsi, dans notre exemple :

Maille 1 : $E-E_1 = 0$

Maille 2 : $E_1-E_2-E_4 =0$

Maille 3 : $E_4-E_3-E_5 =0$

d. Loi des nœuds généralisée

Dans un dispositif quelconque, la somme algébrique des courants entrant dans une surface fermée est nulle :

$\sum_{i=1}^{n} I_i = 0$ (Figure ci-dessous)

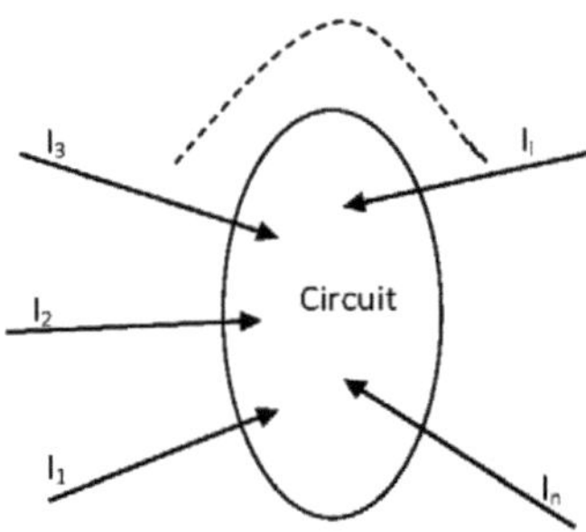

D'un point de vue pratique, cela signifie que dans un circuit complexe, on peut définir arbitrairement un contour fermé et appliquer la loi de nœuds aux bornes de ce contour. La figure suivante fournit un exemple d'application de cette loi des nœuds généralisée. On peut ainsi écrire directement :

$I_0 - I_1 - I_4 - I_3 = 0$

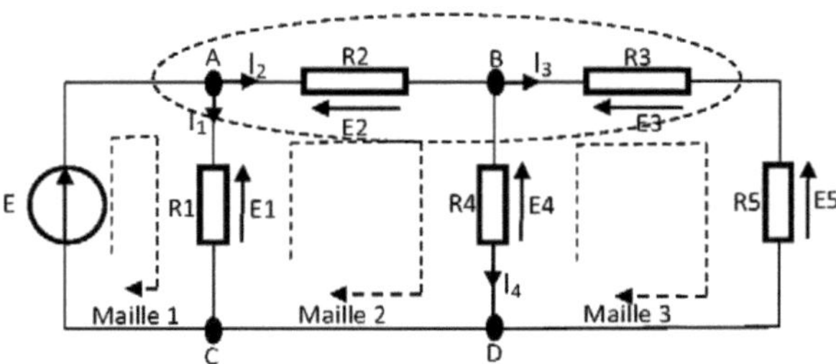

Choix des systèmes d'unités

Lorsque le système d'unité mécanique a été choisi (en fixant les unités des trois grandeurs fondamentales), il est nécessaire et suffisant de fixer une condition supplémentaire d'ordre électrique pour que toutes les unités électriques soient déterminées. On peut fixer la mesure ε_0, ou la mesure μ_0, l'unité d'une grandeur électrique quelconque.

Remarquons que lorsque les unités mécaniques ont été choisies, la mesure *C* est bien déterminée, les mesures ε_0 et μ_0 sont alors liées par la relation : $\varepsilon_0 \mu_0 C^2 = 1$

Trois systèmes principaux d'unités électriques sont utilisés.

1. **Systèmes M.K.S.A.** On choisit le système M.K.S., ce qui fournit C=3 10^8m/s et on choisit l'ampère, unité d'intensité, afin que μ_0 égal à $\frac{4\pi}{10^7}$

La relation $\varepsilon_0\,\mu_0\,C^2 = 1$ donne alors $\varepsilon_0 = \frac{1}{36\pi 10^9}$

Les principales unités de ce système qui ont des noms particuliers sont : mètre, kilogramme, seconde, newton, joule, watt, ampère, coulomb, ohm, volt, farad, henry, weber, tesla.

2. **Systèmes électrostatique C.G.S.**

On choisit le système C.G.S. ce qui fournit : C=3 10^{10} cm/s et on fixe $4\pi\varepsilon_0=1$. Aucune unité électrique de ce système ne porte de nom particulier, on écrit l'abréviation *uescgs*. On peut employer ce système ce système en électromagnétisme en prenant :

$$\mu_0 = \frac{1}{\varepsilon_0 C^2} \approx \frac{4\pi}{9 \cdot 10^{20}}$$

Mais cela est sans intérêt.

3. **Système électromagnétique C.G.S**

On choisit le système C.G.S. et on prend $\mu_0 = 4\pi$ dans toutes les formules, sauf celles qui contiennent l'excitation magnétique H ou la susceptibilité magnétique.

Cette restriction vient du fait que, d'une façon générale, H est défini dans le vide par la relation $\vec{B} = \mu_0\vec{H}$, alors qu'en système électromagnétique H a été lié à B par $\vec{B} = \vec{H}$ dans le vide.

Il y a donc incohérence entre ces deux définitions ce qui introduit des difficultés si H intervient. En particulier à l'intérieur de la matière aimantée ; la formule générale : $\vec{B} = \mu_0(\vec{H} + \vec{\xi})$ devient en système électromagnétique : $\vec{B} = \vec{H} + 4\pi\vec{\xi}$

Les unités électriques de ce système qui ont un nom particulier sont :

- Maxwell (Φ),
- Gauss (B),
- Oersted (H).

Evidemment, le gauss et l'Oersted ne se différencient pas en pratique dans les calculs. Les unités qui n'ont pas de nom sont désignées par l'abréviation qui n'ont pas de nom sont désignées par l'abréviation uemcgs.

Remarques:

1. Les équations aux dimensions permettent de calculer les rapports des unités d'une même grandeur pourvu que les définitions soient cohérentes entre elles. Donc, elles sont toujours applicables, sauf pour l'excitation magnétique H.
2. D'une façon générale, un système d'unités électriques est dit électrostatique (u.e.s) si l'on pose la mesure ε_0 de la permittivité du vide égale à $\frac{1}{4\pi}$. On peut associer cette condition au choix de n'importe quel système d'unité mécaniques. Le système d'u.e.s.c.g.s n'est qu'un cas particulier.

Formulaire

Trigonométrie

$$\sin^2 x + \cos^2 x = 1$$

$$\cot x = \frac{\cos x}{\sin x}$$

$$1 + \cot^2 x = \frac{1}{\sin^2 x}$$

$$\cos^2 x = \frac{1}{1 + \tan^2 x}$$

$$\cos(-x) = \cos x$$

$$\sin(\pi + x) = -\sin x$$

$$\tan(\pi + x) = \tan x$$

$$\cos(\pi - x) = -\cos x$$

$$\sin(\frac{\pi}{2} + x) = -\cos x$$

$$\tan(\frac{\pi}{2} + x) = -\cot x$$

$$\cos\left(\frac{\pi}{2} - x\right) = \sin x$$

$$\cos(a + b) = \cos a \cos b - \sin a \sin b$$

$$\sin(a + b) = \sin a \cos b + \cos a \sin b$$

$$\cos(a - b) = \cos a \cos b + \sin a \sin b$$

$$\sin(a - b) = \sin a \cos b - \cos a \sin b$$

$$1 + \cos x = 2\cos^2 \frac{x}{2}$$

Un peu d'histoire

Charles-Augustin COULOMB, né le 14 Juin **1736** à Angoulême, mort le 23 Août **1806** à Paris, est un officier, ingénieur et physicien français. Coulomb est toutefois surtout connu pour les expériences historiques qu'il a réalisées à l'aide d'une balance de torsion pour déterminer la **force** qui s'exerce entre **deux charges électriques**. On a donné son nom à l'unité de charge électrique, le **coulomb**.

Charles-Augustin COULOMB (1736-1806) à

Johann Carl Friedrich Gauss (1777-1855)

Johann Carl Friedrich GAUß (prononcé en allemand; traditionnellement transcrit **Gauss** en français ; *Carolus Fridericus Gauss* en latin), né le 30 Avril **1777** à Brunswick et mort le 23 Février **1855** à Göttingen, est un mathématicien, astronome et physicien allemand. Doté d'un grand génie, il a apporté de très importantes contributions à ces trois sciences. Surnommé « **le prince des mathématiciens** », il est considéré comme l'un des plus grands mathématiciens de tous les temps.

André-Marie AMPERE est un mathématicien, physicien, chimiste et philosophe français, né à Lyon le 20 Janvier **1775** et mort à Marseille le 10 Juin **1836**. Il était membre de l'Académie des scienceset professeur à l'École polytechniqueet au Collège de France. L'**ampère** (symbole A) est l'unité SI d'intensité d'un courant électrique. Un **courant** d'un **ampère** correspond au transport d'une charge électrique d'un coulomb.

André-Marie AMPERE (1775-1836)

James Watt (1736-1819)

James WATT (né le 19 Janvier **1736** à Greenock en Écosse - mort le 25 Août **1819** à Handsworth près de Birmingham en Angleterre) est un ingénieur écossais dont les améliorations sur la **machine à vapeur** furent une étape clé dans la révolution industrielle. Il a animé la célèbre Lunar Society de Birmingham

FAIRE LE POINT

Vrai ou Faux ?

1. Quel que soit le signe de la charge, la force électrostatique et le champ électrostatique ont la même direction.
2. L'unité de champ électrostatique est V.m.
3. Dans un champ uniforme, les lignes de champ sont parallèles.
4. Une ligne de champ est orientée vers les potentiels croissants.
5. Dans un champ uniforme, les surfaces équipotentielles sont des plans.
6. Dans un champ uniforme $\vec{E}$, la différence de potentiel entre deux points C et D est donnée par $V_C - V_D = \vec{E} \cdot \vec{CD}$.

Réponses : 1 : Vrai, **2** : Faux, **3** : Vrai, **4** : Faux, **5** : Vrai, **6** : Vrai

APPLICATIONS DIRECTES DU COURS

Exemple 1 : « *Comparaison entre force électrostatique et force de gravitation dans l'atome d'hydrogène* »

On donne la constante de gravitation $G = 6{,}7.10^{-11}$ S.I. et le premier rayon de l'atome de Bohr $a_0 = 0{,}53.10^{-10}$ m.

Dans l'atome d'hydrogène, un électron (charge $-e$) décrit une orbite circulaire de rayon a_0 autour d'un noyau constitué d'un proton (charge $+e$). Il s'agit de comparer les forces électrostatique (- $\vec{F}_e$) et gravitationnelle (- $\vec{F}_g$) entre ces deux particules.

Solution Exemple 1

$$F_e = K\frac{q_1\, q_2}{a_0^2} = \frac{910^9\left(1{,}6\cdot 10^{-19}\right)^2}{\left(0{,}53\cdot 10^{-19}\right)^2} = 8{,}1\cdot 10^{-8}\ N$$

$$F_g = K\frac{m_1\, m_2}{a_0^2} = \frac{6\cdot 10^{-11}\left(9{,}1\cdot 10^{-31}\right)\left(1{,}27\cdot 10^{-27}\right)}{\left(0{,}53\cdot 10^{-19}\right)^2} = 3{,}7\cdot 10^{-47}\ N$$

La force électrostatique est environ 2.10^{39} fois plus grande que la force de gravitation. Cette dernière est donc tout à fait négligeable.

Ce qu'il faut retenir de cet exemple

Pour les particules « élémentaires » (électrons, protons, ions,…) on néglige toujours les forces de gravitation ou de pesanteur devant les forces électrostatiques.

Exemple 2 : « *Différence de potentiel et tension dans d'un faisceau de particules* »

La tension appliquée entre des plaques destinées à provoquer la déviation d'un faisceau de particules chargées est généralement élevée. On considère deux plaques distantes de 10 cm, entre lesquelles est maintenue une tension $U = 1000V$.

1) Calculer l'intensité du champ uniforme régnant entre ces plaques.
2) Calculer l'intensité de la force électrostatique s'exerçant :
    a. Sur un électron
    b. Sur une particule α (He^{2+}).

Solution Exemple 2

L'intensité du champ est donnée par la relation $E = U/d$, soit :

$$E = \frac{1000}{0,1} = 10^4\ V/m$$

On a $F = |q| \cdot E$. Il vient :

Pour l'électron : $F_1 = 1,6.10^{-19} \times 10^4 = 1,6.10^{-15}$ N ;

Pour la particule α, avec $q = 2 \times 1,6.10^{-19}$ C :

$F_2 = 3,2.10^{-19} \times 10^4 = 3,2.10^{-15}$ N.

D'autre part, $\vec{F_1}$ a un sens opposé à celui de $\vec{E}$; elle est donc dirigée vers la plaque positive, alors que $\vec{F_2}$ est dirigée vers la plaque négative.

Ce qu'il faut retenir de cet exemple
Pour les particules « élémentaires » (électrons, protons, ions,…) on néglige toujours les forces de gravitation ou de pesanteur devant les forces électrostatiques.

Exemple 3 : « *Différence de potentiel et tension dans d'un faisceau de particules* »

Un champ électrostatique uniforme est caractérisé par $\vec{E} = E_0 \cdot \vec{k}$ avec $E_0 = 10^5$ V.m^{-1} et $\vec{k}$ vecteur unitaire de l'axe zz' d'un repère (O, $\vec{i}, \vec{j}, \vec{k}$).

1) Calculer les d.d.p. V_A-V_B, V_A-V_C et V_C-V_D entre les points A(0, 1, 0), B(1,2 , 3), C(1, 2, -1), D(1,4,4), l'unité de longueur étant le centimètre.
2) Quelle sont les surfaces équipotentielles ?

Réponses : **1) :** 3000V, -1000V, 5000V, **2) :** z = cte.

Exercice A.1* « *Electrisation. Actions Electrostatiques. Loi de Coulomb* »

On suppose que le noyau d'un atome d'oxygène se brise tout à coup en deux fragments identiques se réduisant à des charges électriques ponctuelles placées en A et B distants de $a = 2.10^{-12}$ cm.

Calculer la force appliquée à B et le travail de cette force si la charge s'éloigne indéfiniment, A restant immobile. Quel est le travail des forces électriques si A et B s'éloignent en même temps ?

La charge élémentaire est $e = 1,60\ .10^{-19}$ C, le numéro atomique de l'oxygène est Z = 8.

DU MAL A DEMARRER ?

A.1*. La technique la plus efficace pour calculer la force appliquée est que chacun des fragments comprends 4 protons et porte la charge 4e ; la force de Coulomb exercée sur l'un par la charge est donnée par sa formule classique.

Corrigé Exercice A.1*

Chacun des fragments comprend 4 protons et porte la charge 4e ; la force de Coulomb exercée sur l'un par la charge de l'autre est :

$$f = \frac{1}{4\pi\varepsilon_0}\ \frac{q^2}{a^2} = 9\cdot 10^9 \cdot \frac{16\cdot 1{,}62\cdot 10^{-38}}{4\cdot 10^{-28}} = 9{,}2\,N$$

Soit environ 1 kilogramme-force.

Le travail élémentaire de déplacement de f exercée entre les fragments distants de r étant $dw = f\,dr$, la charge $4e$ en s'éloignant à l'infini fournit le travail

$$W = \frac{q^2}{4\pi\varepsilon_0} \int_0^\infty \frac{dr}{r} = \frac{q^2}{4\pi\varepsilon_0}\frac{1}{a} \quad ,$$

Soit :

$$W = \frac{16\ 1{,}62\ 10^{-38}\ 9\,10^9}{2\cdot 10^{-14}} = 184 \quad 10^{-15}\ J$$

L'électron- volt (eV) vaut $1{,}62.10^{-19}$ J, donc

$$W = \frac{184\cdot 10^{-15}}{1{,}6\cdot 10^{-19}} = 1{,}15\cdot 10^6\ eV$$

L'énergie nécessaire pour séparer le noyau d'oxygène en deux fragments identiques infiniment éloignés est de 1,15 MeV.

Il est évident que ce travail est le même quand A et B s'éloignent en même temps ; il mesure la diminution de l'énergie électrique des deux charges.

Exercice A.2** « Segment rectiligne uniformément chargé »

Un segment de droite AB, de longueur $2a$, porte une distribution continue de charges, dont la densité linéaire λ est uniforme. On prend cette droite comme axe des x, l'origine O étant au milieu de AB.

1) Calculer directement le champ et le potentiel aux divers points, extérieurs à AB, de l'axe Ox, vérifier la relation entre champ et potentiel. Que deviennent les expressions obtenues, quand x est très supérieur à a ?

2) Mêmes questions pour les divers points de l'axe Oy, perpendiculaire à Ox.

3) Dans ce dernier cas examiner ce que deviennent les expressions obtenues quand la distance AB augmente indéfiniment.

4) x étant l'abscisse d'un point M de Ox, et y l'ordonnée d'un point N de Oy, quelle relation doit exister entre x et y pour que $V_M = V_N$?

DU MAL A DEMARRER ?

A.2** Poser le schéma, et la direction du champ électrique par rapport au segment de l'élément MM', vous poser les équations classiques du champ électrique et du potentiel.

Corrigé Exercice A.2* « Segment rectiligne uniformément chargé »

1°) On considère un petit élément MM' de la droite AB, de longueur dr, (OM=r) il porte une charge $dq = \lambda dr$ et on obtient aisément le champ et le potentiel qu'il crée au point P.

$$\left|d\vec{E'}\right| = \frac{1}{4\pi \cdot \varepsilon_0} \cdot \frac{\lambda dr}{MP^2}$$

$$|dV| = \frac{1}{4\pi \cdot \varepsilon_0} \cdot \frac{\lambda dr}{|MP|}$$

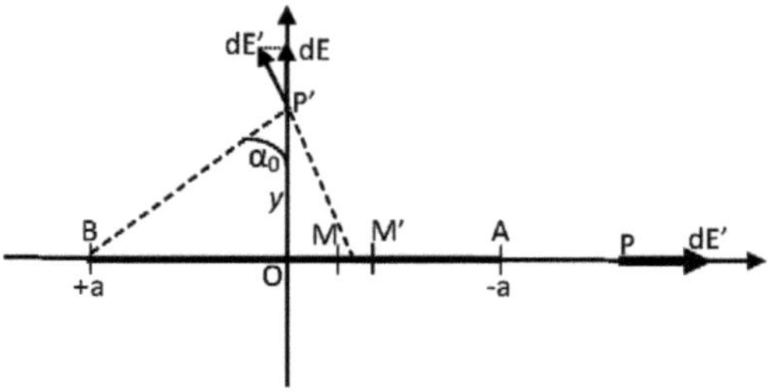

dE' dE P' α_0 y B M M' A P dE' +a O -a

Les valeurs $\vec{dE'}$ étant tous portés par Ox, on n'a simplement qu'a intégrer ces expressions, r variant de $-a$ à $+a$.

Il vient :

$$4 \cdot \pi \cdot \varepsilon_0 = \int_{-a}^{+a} \frac{\lambda dr}{(x-r)^2} = -\int_{-a}^{+a} \frac{\lambda d(x-r)}{(x-r)^2} = \left[\frac{\lambda}{x-r}\right]_{-a}^{+a}$$

$$= \lambda\left(\frac{1}{x-a} - \frac{1}{x+a}\right) = \frac{2\lambda a}{x^2 - a^2}$$

Ceci pour $x > a$. Pour $x < -a$, (à gauche de B), le calcul est le même puisque le terme à intégrer ne change pas, mais comme, dE est dirigé vers les x négatifs, il faut affecter le résultat du signe moins. De même pour V, dans le cas où $x > a$:

$$4 \cdot \pi \cdot \varepsilon_0 V = \int_{-a}^{+a} \frac{\lambda dr}{x-r} = -\int_{-a}^{+a} \frac{\lambda\, d\,(x-r)}{x-r} = -[\lambda\ L(x-r)]_{-a}^{+a}$$

$$= \lambda L \frac{x+a}{x-a}$$

Pour $x < -a$, puisque dV contient $|MP|$ il faut changer le signe du dénominateur de l'expression à intégrer, donc affecter aussi du signe moins le résultat (ou bien l'écrire $L\frac{x+a}{x-a}$).

En résumé :

$$E = \pm \frac{\lambda a}{2\pi\varepsilon_0 (x^2 - a^2)}; \quad V = \pm \frac{\lambda}{4\pi \cdot \varepsilon_0} L \frac{x+a}{x-a}; \quad + \quad si \quad x > a$$

$$- \quad si \quad x < -a$$

On vérifiera aisément que l'on a bien toujours $E = -\frac{\partial V}{\partial x}$. E et V cessent d'être définis aux points A et B, on tracera leurs courbes respectives.

Si x est très supérieur à a, on obtient, en posant $q = 2.\lambda.a$ charge du segment de droite :

$$E = \pm \frac{q}{4\pi \cdot \varepsilon_0 \cdot x^2}$$

Et pour $x > a$, $V = \frac{\lambda}{4 \cdot \pi \cdot \varepsilon_0} L \left(1 + \frac{2a}{x} + \dots\right) \cong \frac{2\lambda a}{4 \cdot \pi \cdot \varepsilon_0 \cdot x}$

Si $x < -a$, $V = \frac{-2\lambda a}{4\pi \cdot \varepsilon_0 \cdot x} = \frac{2\lambda a}{4\pi \cdot \varepsilon_0 |x|}$ Donc, dans les deux cas

$$V = \frac{q}{4\pi\varepsilon_0 |x|}$$

Expressions auxquelles on pouvait s'attendre, la charge pouvant être considérée, à grande distance, comme concentrée en O.

2°) Prenons maintenant le point P' sur l'axe des y. le champ élémentaire $d\vec{E}'$ fait avec Oy l'angle α tel que : $\cos\,\alpha = \frac{y}{P'M}$, Pour faire la somme des champs élémentaires on remarque que leur résultante est nécessairement portée par Oy, par raison de symétrie, donc il suffit d'intégrer $dE = dE'.\cos\,\alpha$.

Or : $r = y\, tg\, \alpha$

$$4\pi\varepsilon_0\, E = \int_{-a}^{+a} \frac{\lambda dr}{MP'^2} \cdot \cos\alpha \qquad dr = y\,\frac{d\alpha}{\cos^2\alpha} \qquad MP' = \frac{y}{\cos\alpha}$$

$$4\pi\varepsilon_0\, E = \int_{-\alpha_0}^{+\alpha_0} \frac{\lambda y\, d\alpha}{\cos^2\alpha} \cdot \frac{\cos^2\alpha}{y^2} \cdot \cos\alpha \quad = \frac{2\lambda}{y}\int_0^{\alpha_0} \cos\alpha\, d\alpha = \frac{2\lambda}{y}\sin\alpha_0$$

$$E = \frac{\lambda a}{2\pi\varepsilon_0} \cdot \frac{1}{y\sqrt{a^2 + y^2}}$$

Ceci pour y positif. Pour y négatif la symétrie du problème montre que E est négatif, donc que l'expression continue à convenir. On a ensuite :

$$4\pi \cdot \varepsilon_0 V = \int_{-a}^{+a} \frac{\lambda\, dr}{\sqrt{r^2 + y^2}} = 2\lambda \int_0^a \frac{dr/r}{\sqrt{1 + r^2/y^2}} = 2\lambda \int_0^{a/y} \frac{du}{\sqrt{1+u^2}}$$

En posant $u = r/y$. Il vient donc :

$$4\pi\, \varepsilon_0 V = 2\lambda \left[L\left|u + \sqrt{1+u^2}\right| \right]_0^{a/y} = 2\lambda\, L\left|\frac{a}{y} + \sqrt{1 + a^2/y^2}\right|$$

$$E = \frac{\lambda}{2\pi\,\varepsilon_0} L \frac{a + \sqrt{a^2 + y^2}}{|y|}$$

Pour y négatif la même expression convient. L'axe des y étant une ligne de force, on doit avoir $E = \frac{\partial V}{\partial y}$ ce qu'on vérifiera aisément.

Si y est très grand devant a, l'expression de E devient immédiatement :

$$E \approx \frac{\lambda a}{2\pi\,\varepsilon_0 y^2}$$

Pour V on écrit (en supposant y positif)

$$V = \frac{2\lambda}{4\pi\,\varepsilon_0} L\left|\frac{a}{y} + \sqrt{1 + \frac{a^2}{y^2}}\right| \approx \frac{2\lambda}{4\pi\,\varepsilon_0} L\left(1 + \frac{a}{y} + \frac{1}{2}\frac{a^2}{y^2} + \ldots\right) \approx \frac{2\lambda a}{4\pi\,\varepsilon_0 y}$$

Ce sont les expressions attendues.

3)	Si la longueur AB augmente indéfiniment les calculs du (1°) n'ont pas de sens, mais ceux (2°) doivent garder en sens et fournir le champ et le potentiel créés par une droite infinie uniformément chargée. Pour E le passage à la limite $(a \to \infty)$ ne présente pas de difficultés : le rapport $\frac{a}{\sqrt{a^2+y^2}}$ tend vers 1, quel que soit y, donc, à la limite :

$$E = \frac{\lambda}{2\pi\,\varepsilon_0 y}$$

Pour V le passage à la limite dans l'expression (1) donne un potentiel infini. La raison en est évidemment que cette expression a été obtenue à partir de l'expression $dV = \frac{1}{4\pi\,\varepsilon_0}\cdot\frac{dq}{|r|}$, **qui suppose le potentiel nul à l'infini.** Elle ne s'applique donc à des problèmes où les charges sont réparties, que si le potentiel résultat converge à l'infini, c'est-à-dire, si à grande distance du système de charges le champ décroit plus vite que l'inverse de la distance. Ce n'est pas le cas ici, et on sait qu'il en est toujours ainsi quand les charges agissantes s'étendent jusqu'à l'infini.

On doit donc obtenir le potentiel par intégration directe du champ :

$$V = \int dV = -\int \vec{E}\cdot d\vec{l}$$

$$V = -\int \frac{\lambda}{2\pi\,\varepsilon_0 y}dy = -\frac{\lambda}{2\pi\,\varepsilon_0}L|y| + cte$$

La constante sera à ajuster suivant les conditions du problème, les seules grandeurs physiques mesurables étant des différences de potentiel. Par exemple :

$$V_1 - V_2 = \frac{\lambda}{2\pi\,\varepsilon_0}L\frac{y_2}{y_1}$$

On voit que $V_1 - V_2$ tend vers l'infini si $y_2 \to \infty$ (ou si $y_1 \to 0$).

4) Pour que $V_M - V_N$, il suffit d'égaler les deux expressions de V (on prendra x et y positifs) :

$$\frac{\lambda}{4\pi\,\varepsilon_0}L\frac{x+a}{x-a} = \frac{\lambda}{2\pi\,\varepsilon_0}L\frac{a+\sqrt{a^2+y^2}}{y}$$

$$\frac{x+a}{x-a} = \left(\frac{a+\sqrt{a^2+y^2}}{y}\right)^2$$

En développant et réduisant on obtient :

$$(x-a)\sqrt{a^2+y^2} = y^2 + a^2 - ax$$

$$(x-a)^2\left(a^2+y^2\right)=\left(y^2+a^2-ax\right)^2$$

Un nouveau développement suivi de réduction donne finalement :

$$x^2=y^2+a^2$$

Exercice A.3** « *Champ du dipôle* »

Soient 2 charges opposées $-q$ et $+q$ en 2 points A et B ; AB = l. on s'intéresse à la valeur du potentiel $V(M)$ du dipôle AB à grande distance. Pour repérer un point M on prendra un axe Ox porté AB, l'origine étant par exemple en A : $A(x = 0)$, $B(x = l)$; soit r la distance OM, considérée comme très grande devant l, et θ l'angle polaire de OM avec Ox.
Calculer $V(M) = V(r, \theta)$.

DU MAL A DEMARRER ?

A.3** Poser l'équation classique du calcul du potentiel et faites la somme algébrique par rapport à la charge électrique positive et négative

Corrigé Exercice A.3** « *Champ du dipôle* »

Le potentiel du dipôle est la somme algébrique du potentiel de la charge $q_A = -q$ et du potentiel de la charge $q_B = +q$, et en toute rigueur :

$$4\pi\varepsilon_0 V(M)=\frac{q_A}{AM}+\frac{q_B}{BM}=q\left(\frac{1}{BM}-\frac{1}{AM}\right)$$

Avant de faire un calcul analytique de V, il faut justifier le choix des coordonnées de M. Le problème a un axe de révolution AB (ou Ox) qui est la ligne des 2 charges. La carte du potentiel $V(M)$ est la même dans tous les plans méridiens. Les lignes équipotentielles d'un de ces plans balaient les surfaces équipotentielles par révolution autour de AB. Les figures 1 et 2 représentent un plan méridien quelconque. Si on se place d'un côté déterminé de ce plan, on peut y repérer un point par ses *coordonnées polaires* : la distance $r = OM$ ($r > 0$) et l'angle orienté $\theta=\left(O\vec{x},O\vec{M}\right)$. Dans le plan même, Ox est un axe de symétrie du problème.

Si M est très loin de A et B, c'est-à-dire si $r>>l$, AM et BM sont presque égaux et en première approximation V est nul : autrement dit vu de loin le dipôle apparaît come un ensemble neutre. Notons que V n'est rigoureusement nul que dans le plan médiateur de AB ($x = l/2$), même près de A et B.

En deuxième approximation on tient compte de la différence $\varepsilon = AM - BM$. Ici $AM = r$, $BM = r-\varepsilon$, où ε ($\varepsilon>0$ ou $\varepsilon<0$) est une longueur de l'ordre de grandeur de l ($|\varepsilon|<<r$). La normale BH à AM peut être assimilée à un arc de cercle de centre M (Figure 1) et pratiquement :

$$\varepsilon=AH=l\cos\theta$$

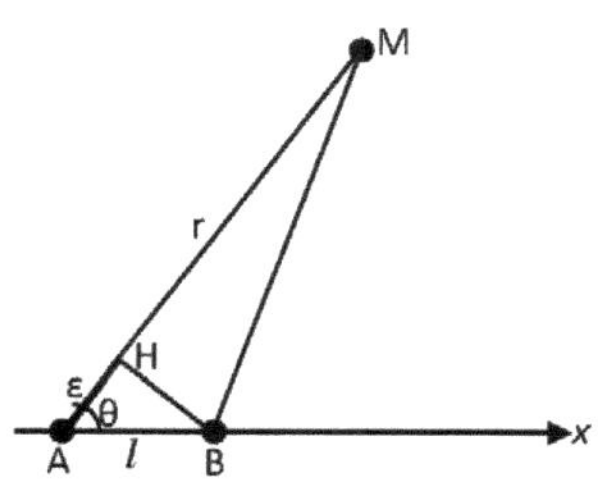

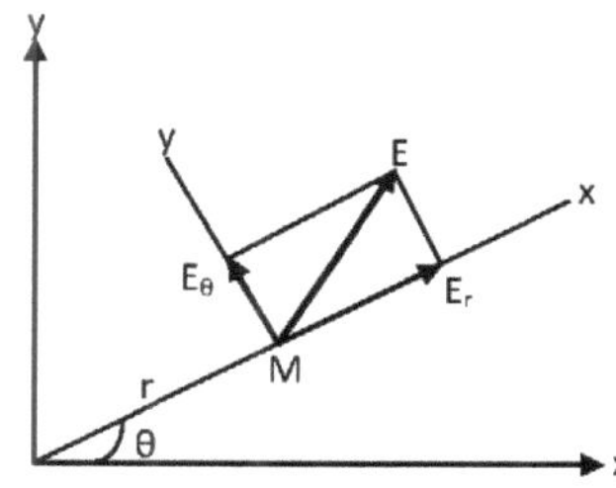

Formule valable avec son signe : ε a le signe de *cos θ*, positif quand *BM* < *AM* (figure 1) négatif quand *BM* > *AM*.

On peut écrire :

$$4\pi\,\varepsilon_0 V = q\left(\frac{1}{r-\varepsilon}-\frac{1}{r}\right)=\frac{q}{r}\frac{\varepsilon}{r-\varepsilon}$$

En remplaçant ε par $l\cos\theta$, et en négligeant au dénominateur ε devant r:

$$4\pi\,\varepsilon_0 V \cong \frac{ql\cos\theta}{r^2}$$

Les caractéristiques du dipôle sont groupées dans le produit charge x distance $p = ql$, qu'on appelle le *moment électrique du dipôle* ou *moment dipolaire* :

$$V = \frac{1}{4\pi\,\varepsilon_0}\frac{p\cos\theta}{r^2}$$

C'est cette dernière approchée qu'on appelle généralement le potentiel du dipôle. On voit qu'il est de l'ordre de l/r fois le potentiel d'une charge $+q$ seule.

Exercice A.4*** « Circonférence portant une charge q et ayant une charge –q en son centre. Potentiel en un point éloigné quelconque »

Dans un plan *Oyz* se trouve une circonférence de centre *O*, de rayon a portant une charge q uniformément répartie. Au centre *O* se trouve la charge $-q$, ponctuelle.

1) Montrer qu'un tel système a un moment dipolaire nul, et que son potentiel à grande distance commence au moins par un terme en $1/r^3$, donc quadrupolaire. (On commencera par monter que, pour les actions à grande distance, le moment dipolaire a les propriétés d'un vecteur).

2) Un point M éloigné étant défini par ses coordonnées polaires r, θ, φ, l'axe polaire étant *Ox*, calculer le terme quadrupolaire du potentiel en M. (Pour cela on transformera

l'intégrale à laquelle on est conduit, en développant en série limitée l'expression à intégrer, suivant les puissances de a/r, et en intégrant terme à terme).

DU MAL A DEMARRER ?

A.4***

Corrigé Exercice A.4***« Circonférence portant une charge q et ayant une charge –q en son centre. Potentiel en un point éloigné quelconque »

1) On sait que, si au point O se trouve un dipôle de moment $\vec{M}$, d'axe polaire *Ox*, le potentiel au point éloigné M est donné par :

$$V = \frac{M \cos\theta}{4\,\pi\,\varepsilon_0\,r^2}$$

Et qu'on peut écrire :

$$V = \frac{1}{4\,\pi\,\varepsilon_0} \cdot \frac{\vec{M} \cdot \vec{r}}{|\vec{r}|^3}$$

Le potentiel est donc, au facteur $1/r^3$ près, le produit scalaire des vecteurs $\vec{M}$ et $\vec{r}$. Les potentiels s'ajoutant algébriquement, on aura le potentiel crée par plusieurs dipôles placés au même point, en considérant le dipôle résultant $\vec{M}_R = \Sigma\vec{M}$. En un point éloigné, en effet, le terme $\frac{1}{r^3}$ peut être mis en facteur. Le moment dipolaire a donc bien, pour le calcul du potentiel en un point éloigné, les propriétés d'un vecteur.

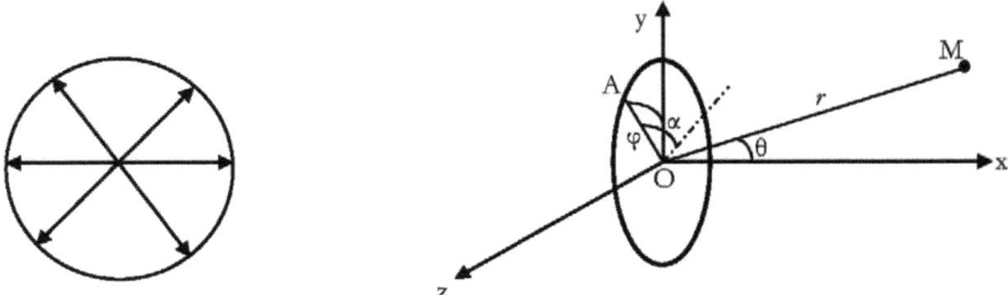

Appliquons ceci au système proposé : décomposons la circonférence en un grand nombre d'éléments portant la charge *+dq*, et la charge ponctuelle centrale en autant d'éléments portant la charge *–dq*. Nous formons ainsi un grand nombre de dipôle représentés schématiquement sur la figure **. Il est évident, par raison de symétrie que **le moment dipolaire total est nul.**

(On voit qu'il n'en serait si la charge –q n'était pas au centre de la circonférence).

La charge totale étant nulle, le potentiel à grande distance ne contient pas de terme en $\frac{1}{r}$. Le moment dipolaire étant nul, il ne contient pas non plus de terme en $\frac{1}{r^2}$. Il peut donc contenir au plus un terme en $\frac{1}{r^3}$, le système étudié est donc un quadrupôle si ce terme en $\frac{1}{r^3}$ n'est pas nul.

2) Soit maintenant le point M de coordonnées *r, θ, φ*. Il est évident que *φ* n'intervient pas à cause de la symétrie de révolution. Plaçons donc M dans le plan *xOy*. Considérons en A un élément de la circonférence : arc compris entre les points d'abscisses φ et φ + dφ. Il porte la charge $dq = a\,\lambda\, d\varphi$, λ étant la densité linéaire :

$$\lambda = \frac{q}{2\pi\, a}$$

Si *r'* désigne la distance AM, nous aurons le potentiel crée en M par la circonférence en calculant l'expression :

$$4\pi\ \varepsilon_0 V_1 = \int_0^{2\pi} \frac{a\lambda\ d\varphi}{r'}$$

Pour r' on a deux méthodes :

a) Dans le triangle OAM :

$$r'^2 = r^2 + a^2 - 2\,a\,r\,\cos\alpha$$

cos α s'obtenant dans le trièdre OA, Oy OM, par la formule fondamentale de la trigonométrie sphérique :

$$\cos\alpha = \cos\varphi\cdot\cos\left(\frac{\pi}{2}-\theta\right) + \sin\varphi\,\sin\left(\frac{\pi}{2}-\theta\right)\cdot\cos\frac{\pi}{2} = \sin\theta\cdot\cos\varphi$$

b) Les projections du vecteur AM sur les trois axes sont respectivement :

$r\cos\theta;\quad r\sin\theta - a\cos\varphi;\quad -a\sin\varphi$, d'où :

$$r'^2 = (r\cos\theta)^2 + (r\sin\theta - a\cos\varphi)^2 + (a\sin\varphi)^2$$

$$r'^2 = r^2 + a^2 - 2ar\,\sin\theta\,\cos\varphi$$

Il vient alors :

$$4\pi\ \varepsilon_0 V_1 = \int_0^{2\pi} a\lambda\left(r^2 + a^2 - 2ar\,\sin\theta\cos\varphi\right)^{-\frac{1}{2}}\cdot d\varphi$$

$$= \frac{a\lambda}{r} \int_0^{2\pi} \left(1 - \frac{2a}{r} \sin\theta \cos\varphi + \frac{a^2}{r^2} \right)^{-\frac{1}{2}} \cdot d\varphi$$

r étant supposé beaucoup plus grand que *a* on peut développer l'expression à intégrer en série du binôme, qui sera absolument convergente comme on le vérifierait aisément, et qu'on pourra intégrer terme à terme. L'intégrale devient alors :

$$\frac{a\lambda}{r} \int_0^{2\pi} \left[1 + \frac{a}{r} \sin\theta \cdot \cos\varphi - \frac{1}{2} \frac{a^2}{r^2} + \frac{3}{8} \left(-\frac{2a}{r} \sin\theta \cos\varphi + ... \right)^2 + ... \right] d\varphi$$

La première et la troisième intégrale sont immédiates, la deuxième est nulle quand on la prend entre 0 et 2π. La quatrième intégrale se ramène à :

$$\int_0^{2\pi} \cos^2\varphi \, d\varphi = \int_0^{2\pi} \frac{1 + \cos 2\varphi}{2} \cdot d\varphi = \pi$$

On obtient finalement :

$$4\pi\,\varepsilon_0 V_1 = \frac{\pi\, a\lambda}{r} \left[2 + \frac{a^2}{2r^2} \left(3\sin^2\theta - 2 \right) \right] + ...$$

Tenons compte maintenant du potentiel crée par la charge centrale $-q$:

$$4\pi\,\varepsilon_0 V_1 = \frac{-q}{r} + \frac{q}{r} + \frac{qa^2}{4r^3} \left(3\sin^2\theta - 2 \right) + ...$$

D'où :

$$V = -\frac{1}{4\pi\,\varepsilon_0} \cdot \frac{qa^2}{4} \cdot \frac{1}{r^3} \left(3\cos^2\theta - 1 \right)$$

C'est bien l'expression du potentiel d'un quadrupôle. En comparant avec les résultats avec l'exercice A8, on voit que le moment quadrupolaire est ici négatif, et que le potentiel à grande distance est le même que celui d'un ensemble de 3 charges alignées : -q, +2q, -q. les charges extrêmes étant distantes de la charge centrale d'une quantité d telle que :

$$qd^2 = \frac{qa^2}{4} \text{ soit } d = \frac{a}{2}$$

Exercice A.5*** « Champ et potentiel électrique »

Deux charges électriques supposées ponctuelles, l'une q = + 2000 nanocoulombs, l'autre q' = - 804 nanocoulombs sont placées en deux points A et B à 0,80 m l'une de l'autre. On déplace la charge q' jusqu'en un point C tel que l'on ait AC = 1,10 m.

1. Quelles sont en B et C les valeurs de l'intensité du champ électrique et du potentiel dû à la charge q ?
2. Au cours du déplacement indiqué, le travail développé est-il positif ou négatif ?
3. Exprimer le travail en fonction de la force s'exerçant sur la charge q' et des distances r_1 et r_2 de la charge q dans les positions initiale et finale.

DU MAL A DEMARRER ?

Corrigé Exercice A.5*** « Champ et potentiel électrique »

Le champ en B est :

$$E_B = 9\times10^9 \cdot \frac{2000\times10^{-9}\times1}{0,8^2} = 28100V/m$$

Et en C :

$$E_C = 9\times10^9 \cdot \frac{2000\times10^{-9}\times1}{1,1^2} = 14870V/m$$

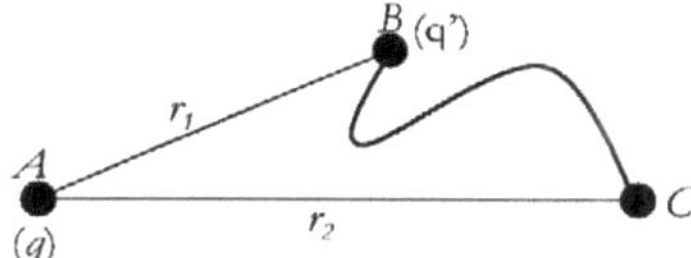

Le potentiel en B (dû à la charge q) est :

$$V_B = \frac{1}{4\pi\varepsilon_0}\cdot\frac{q\times1}{r_1} = 9\times10^9\cdot\frac{2000\times10^{-9}}{0,8} = 22500V$$

Potentiel en C :

$$V_C = 9\times10^9\cdot\frac{2000\times10^{-9}}{1,1} = 16360V.$$

Le travail développé a pour expression :

$W = q'(V_B\text{-}V_C)$ = - 804 10^{-9} (22500 – 16360) = -49,3 10^{-5} Joule

q' est négatif, V_B est supérieur à V_C. Le travail est donc négatif.

Ce travail peut être exprimé en fonction de la force qui s'exerce sur la charge q' au point B. On a en effet :

$$F_B = -\frac{1}{4\pi\varepsilon_0}\frac{qq'}{r_1^2} \qquad \text{d'où} \qquad q' = \frac{-4\pi\varepsilon_0\times r_1^2\times F_B}{q}$$

et :

$$W = q'(V_B - V_C) = \frac{F_B\times r_1^2\times(-4\pi\varepsilon_0 r)}{q}\frac{1}{4\pi\varepsilon_0 r}\left(\frac{q}{r_1}-\frac{q}{r_2}\right) = -F_B r_1^2\left(\frac{1}{r_1}-\frac{1}{r_2}\right)$$

Le travail accompli est indépendant du chemin suivi, de B à C, par la charge ponctuelle q'

Exercice A.6**** « Circonférence uniformément chargée »

Une circonférence de rayon a porte une charge q uniformément répartie. Calculer directement le champ et le potentiel aux divers points de l'axe Ox, normal au plan de la circonférence en son centre O. vérifier que la relation entre champ et potentiel est satisfaite.
Tracer les courbes représentatives de E et de V dans le cas ou a = 10 cm, q= 10^{-6} C.

DU MAL A DEMARRER ?

A.6**** Poser le schéma, et l'équation classique du calcul du potentiel V, pour le calcul de la distance qui sépare le champ électrique et la distribution de charge utiliser le théorème de Pythagore.
Remplacer la distribution de charge par son équation classique et vous déterminer l'angle α

Corrigé Exercice A.6****« Circonférence uniformément chargée »

Le potentiel au point M s'obtient par la formule :

$$V = \frac{1}{4\pi \cdot \varepsilon_0} \cdot \sum \frac{q}{d}$$

Toutes les charges étant à la même distance du point M, il vient :

$$V(x) = \frac{1}{4\pi \cdot \varepsilon_0} \cdot \frac{q}{\sqrt{x^2 + a^2}} \qquad (\overline{OM} = x)$$

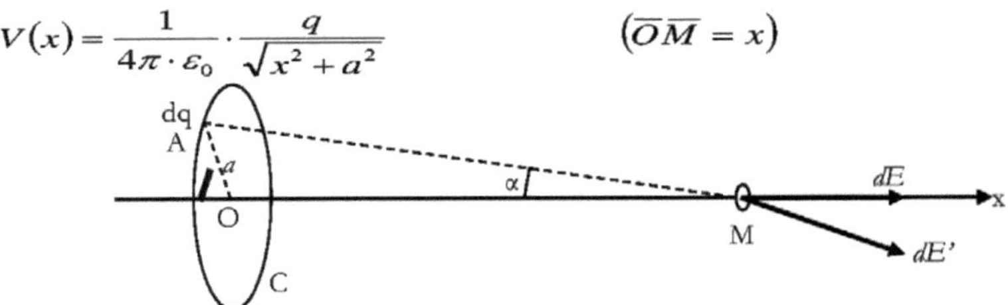

Soit maintenant un élément ds de la circonférence situé au point A, il porte une charge dq = λ.ds, si λ est la densité linéaire, et crée en M un champ dE' :

$$dE' = \frac{1}{4\pi \cdot \varepsilon_0} \cdot \frac{\lambda \; ds}{x^2 + a^2}$$

Le système étant de révolution, la résultante des champs $d\vec{E}'$ est portée par l'axe, donc nous avons seulement à faire la somme des composantes axiales dE (la somme des autres composantes est nulle).

$$dE = \frac{1}{4\pi \cdot \varepsilon_0} \cdot \frac{\lambda \; ds}{x^2 + a^2} \cdot \cos \alpha$$

$$\cos \alpha = \frac{x}{\sqrt{x^2 + a^2}}$$

$$E = \int \frac{1}{4\pi \cdot \varepsilon_0} \cdot \frac{x \cdot \lambda \, ds}{\left(x^2 + a^2\right)^{\frac{3}{2}}}$$

L'intégration est immédiate et $\int \lambda \, ds = q$, d'où :

$$E = \frac{1}{4\pi \cdot \varepsilon_0} \cdot \frac{qx}{\left(x^2 + a^2\right)^{\frac{3}{2}}}$$

Vérifions que l'on a bien $E = -\frac{dV}{dx}$ (Nous avons obtenu *V* seulement en fonction de la variable *x*).

$$\frac{dV}{dx} = \frac{q}{4\pi \cdot \varepsilon_0} \cdot \frac{d}{dx}\left(x^2 + a^2\right)^{-\frac{1}{2}} = \frac{q}{4\pi \, \varepsilon_0}\left(-\frac{1}{2}\right) \cdot \left(x^2 + a^2\right)^{-\frac{3}{2}} \cdot 2x$$

$$= \frac{-qx}{4\pi \cdot \varepsilon_0 \left(x^2 + a^2\right)^{\frac{3}{2}}} = -E$$

Le tracé des courbes résulte des considérations suivantes : *V* est évidement **maximum en O,** où E s'annule. E ne s'annule d'ailleurs qu'en *O* (et à l'infini). *E* présente donc des extremums que nous allons déterminer. Cherchons pour cela la dérivée de $x\left(x^2 + a^2\right)^{\frac{-3}{2}} = f(x)$

$$f'(x) = \left(x^2 + a^2\right)^{-\frac{5}{2}}\left(a^2 + 2x^2\right)$$

Il y a deux racines $x = \pm \frac{a}{\sqrt{2}}$, les valeurs correspondantes de *E* sont :

$$E_m = \pm \frac{q}{4\pi \cdot \varepsilon_0} \cdot \frac{\frac{a}{\sqrt{2}}}{\left(a^2/2 + a^2\right)^{\frac{3}{2}}}$$

$$E_m = \pm \frac{1}{4\pi \cdot \varepsilon_0} \cdot \frac{2q}{3\sqrt{3}\, a^2}$$

En ce point V(x) présente **un point d'inflexion**, la valeur correspondante est :

$$V = \frac{q}{4\pi \cdot \varepsilon_0} \cdot \frac{1}{\sqrt{\frac{a^2}{2} + a^2}} = \frac{1}{4\pi \cdot \varepsilon_0} \cdot \sqrt{\frac{2}{3}} \cdot \frac{q}{a}$$

Calcul numérique : on a d'abord (Système M.K.S.A)

$$\frac{1}{4\pi\cdot\varepsilon_0} = 9\ 10^9$$

$$V = 9\cdot 10^9\cdot\frac{10^{-6}x}{\sqrt{x^2+0{,}01}} = \frac{9\cdot 10^3\cdot x}{\sqrt{x^2+0{,}01}} \qquad (x>0)$$

$$V = 9\cdot 10^9\cdot\frac{10^{-6}\ x}{\left(x^2+0{,}01\right)^{\frac{3}{2}}} = \frac{9\cdot 10^3\cdot x}{\left(x^2+0{,}01\right)^{\frac{3}{2}}} = \frac{V\ x}{x^2+0{,}01}$$

Pour $x < 0$, $V(-x) = V(x)$ et $E(-x) = -E(x)$

D'où le tableau :

x	0	0,05	0,0707*	0,10	0,20	0,30	(m)
V	9.10^4	$8{,}08.10^4$	$7{,}35.10^4$	$6{,}36.10^4$	$4{,}02.10^4$	$2{,}85.10^4$	(volts)
E	0	$3{,}22.10^5$	$3{,}46.10^5$	$3{,}18.10^5$	$1{,}61.10^5$	$8{,}55.10^4$	(V/m)

***** : Inflexion pour V, maximum pour E.

Les valeurs de E fournissent les pentes des tangentes à la courbe représentative de V. On améliore le tracé de la courbe de E en calculant la pente de la tangente à l'origine :

$$E'(x) = \frac{q}{4\pi\cdot\varepsilon_0}f'(x) = \frac{q}{4\pi\cdot\varepsilon_0}\cdot\left(x^2+a^2\right)^{-5/2}\left(a^2-2x^2\right)$$

$$E'(0) = \frac{q}{4\pi\cdot\varepsilon_0}\cdot a^{-3} = 9\cdot 10^9\cdot 10^{-6}\cdot 10^3 = 9\cdot 10^6\ (\mathrm{V/m})\ \mathrm{m}^{-1}.$$

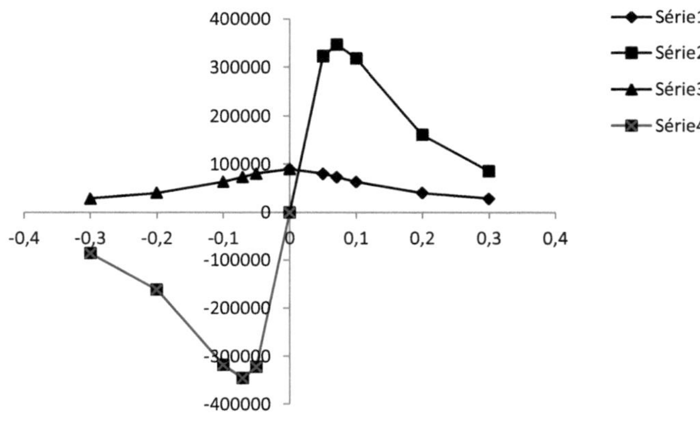

Exercice A.7*** « *Application du Théorème de Gauss pour une distribution surfacique d'une charge sur une sphère* »

Déterminer le champ et le potentiel électrostatiques crées par une distribution superficielle de charge de densité uniforme σ_0 à la surface d'une sphère (*S*) de centre O et rayon *R*.

DU MAL A DEMARRER ?

A.7*** Par symétrie le champ est radial et son intensité *E*, ainsi que la valeur du potentiel, ne dépend que de la distance r au centre de la sphère (*S*).

Solution Exercice A.7*** « *Application du Théorème de Gauss pour une distribution surfacique d'une charge sur une sphère* »

En appliquant le théorème de Gauss à une sphère concentrique de rayon r, on obtient pour *E*,

$4\pi\, r^2 \varepsilon_0 E = 0,$ Soit E = 0 quand $r < R$,

$4\pi\, r^2 \varepsilon_0 E = 4\pi\, R^2 \sigma_0,$ Soit $E = \dfrac{4\pi\, R^2\, \sigma_0}{4\pi\, \varepsilon_0\, r^2} = \dfrac{Q}{4\pi\, \varepsilon_0\, r^2},$ lorsque $r > R$,

Où $4\pi\, R^2\, \sigma_0 = Q$ est la charge agissante totale.

Le champ est donc nul à l'intérieur de la sphère, tandis qu'à l'extérieur il a la même intensité que si la charge était concentrée au centre O, avec bien la discontinuité σ_0 / ε_0 pour $r = R$.

Le potentiel au point M à la distance $r \geq R$ du centre est, vis-à-vis de l'infini,

$$V = -\int_{\infty}^{M} E \cdot dl = \int_{r}^{\infty} E\, dr = \frac{4\pi\, R^2 \sigma_0}{4\pi\, \varepsilon_0} \int_{r}^{\infty} \frac{dr}{r^2},$$

Soit : $V = \dfrac{4\pi\, R^2\, \sigma_0}{4\pi\, \varepsilon_0\, r} = \dfrac{Q}{4\pi\, \varepsilon_0\, r},$

Donc toujours comme si la charge totale au centre. Sur la distribution σ_0 où V est continu avec $r = R$, on a

$$V_0 = \frac{4\pi\, R^2\, \sigma_0}{4\pi\, \varepsilon_0\, R} = \frac{\sigma_0 R}{\varepsilon_0},$$

Valeur qui se conserve dans la sphère puisque le champ y est nul.

SERIE B : EQUILIBRE DES CONDUCTEURS ELECTRIQUES - CONDENSATEURS

Un peu 'histoire

Michael FARADAY FRS (Newington, 22 septembre **1791** - Hampton Court, 25 août **1867**) est un physicien et un chimiste britannique, connu pour ses travaux fondamentaux dans le domaine de l'électromagnétisme et l'électrochimie. Il a été l'un des principaux fondateurs de l'électrochimie en tant que discipline scientifique. En **1833**, il introduit les termes d'anode, de cathode, d'anion, de cation et d'ion (sans pour autant connaître la notion de courant électrique, découverte plus tard par André Marie Ampère). Il a donné son nom au Farad, l'unité SI de capacité électrique, ainsi qu'à une charge électrique, la constante de Faraday.

Michael FARADAY (1791-1867)

Charles-Augustin COULOMB (1736-1806)

Charles-Augustin COULOMB, né le 14 juin **1736** à Angoulême, mort le 23 août **1806** à Paris, est un officier, ingénieur et physicien français. Coulomb est toutefois surtout connu pour les expériences historiques qu'il a réalisées à l'aide d'une balance de torsion pour déterminer la force qui s'exerce entre deux charges électriques. On a donné son nom à l'unité de charge électrique, le coulomb.

APPLICATIONS DIRECTE DU COURS

EXEMPLE 1 « *Charge d'un condensateur* »

Deux condensateurs de capacité C_1=15µF et C_2=10µF sont chargés sous des tensions respectives U_1=100V et U_2=70V.

On relie ensuite les deux armatures positives et les deux armatures négatives à l'aide d'un fil de résistance négligeable.

- Déterminer la charge à l'équilibre pour chaque condensateur.

SOLUTION EXEMPLE 1 « *Charge d'un Condensateurs* »

Soient q_1 et q_2 les charges des condensateurs avant le branchement :

$q_1=C_1U_1$ et $q_2=C_2U_2$

Soit q'_1 et q'_2 les charges des condensateurs à l'équilibre après branchement.

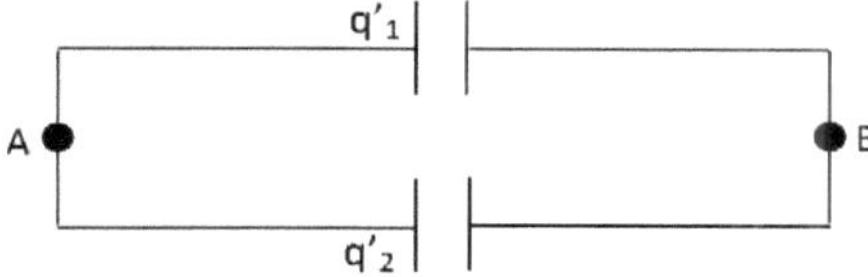

La conservation de la charge implique :

$q_1+q_2=q'_1+q'_2$

La tension U_{AB} est commune à leurs bornes, donc :

$U_{AB}=q'_1 C_1 = q'_2 C_2$

A l'aide des deux équations précédentes, on déduit :

$U_{AB}=q'_1 C_1 = q'_2 C_2$

$q'_1=C_2 (q_1+q_2)/(C_1+C_2)$ et $q'_2=C_2 (q_1+q_2)/(C_1+C_2)$

q_1= 1,5mC et q_2= 0,7mC

q'_1=0,88mC et q'_2=1,32mC

EXEMPLE 2 « Charge et décharge *d'un condensateur* »

Un condensateur de capacité C=8µF est initialement chargé sous une tension U_0=15V. Il est ensuite branché aux bornes d'un conducteur de résistance R variable et l'instant du branchement est choisi comme origine des temps.

1. Etablir l'équation différentielle vérifiée par la tension $U(t)$ aux bornes du condensateur.
2. La solution de cette équation différentielle est de la forme : $U(t) = U_0\ e^{-(t/\tau)}$, quelle est l'expression de τ ? Vérifier l'homogénéité du résultat.

SOLUTION EXEMPLE 2 « *Charge et décharge d'un condensateur* »

On note par i le courant qui arrive sur l'armature positive du condensateur. Avec cette convention, on a bien i<0 et donc la dérivée de la charge par rapport au temps : $dq/dt=i$ sera bien négative (la charge diminue)

On a donc $u + u/RC=0$

En dérivant l'expression proposée pour u(t), on obtient :

$du/dt=u(t)/\tau$

En comparant les deux équations précédentes, on trouve que $\tau = RC$

L'équation différentielle u+u/RC=0 s'écrit aussi :

Exercice B.1**** « *Champ à l'extérieur des conducteur* »

Une boule métallique creuse, très mince, de rayon R est chargée, puis isolée ; son potentiel est alors V. On la partage en deux calottes inégales, la plus petites est vue du centre sous un angle limité par le cône de sommet O d demi-angle au sommet φ. Les calottes étant juxtaposées, évaluer en fonction de φ et de V la force qui s'exerce sur l'une d'elles.

DU MAL A DEMARRER ?

Corrigé Exercice B.1****

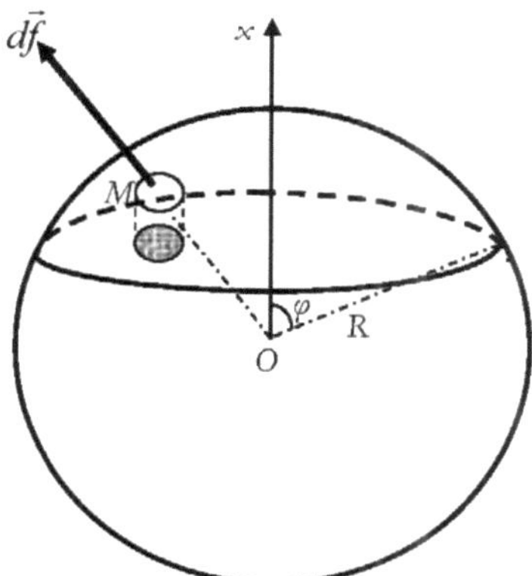

L'électrisation est uniforme avec une densité superficielle $\sigma = \frac{Q}{4\pi R^2}$, Q étant la charge totale. La surface est équipotentielle et le potentiel à l'intérieur de la cavité comme sur la surface est V.

On choisit de la calculer au centre O de la boule (Voir figure 1) à partir de $V = \frac{1}{4\pi\varepsilon_0}\Sigma\frac{q}{r}$, qui donne dans ce cas particulier $V = \frac{1}{4\pi\varepsilon_0}\frac{Q}{R} = \frac{1}{4\pi\varepsilon_0}\frac{4\pi R^2\sigma}{R} = \frac{\sigma R}{\varepsilon_0}$.

La densité est donc : $V = \varepsilon_0 \frac{V}{R}$.

L'élément de surface *dS* est soumis de la part de toutes les charges autres que celles de *dS* à une force *df* dirigée vers l'extérieur, normale à la sphère, de module $\varpi\, dS$, où ϖ est la pression électrostatique $\frac{\sigma^2}{2\varepsilon_0}$.

Par raison de symétrie, la résultante des forces *df* s'exerçant sur la calotte est dirigée suivant *Ox* et la seule composante utile de *df* est :

$$df\ \cos\alpha = \varpi\, dS \cos\alpha = \varpi\ dS',$$

dS' étant l'aire de la projection de dS sur le plan de base des calottes, La force f est :

$$f = \varpi \int dS' = \varpi\ \times aire\ du\ cercle\ de\ base\ ;$$

Donc

$$f = \frac{\sigma}{2\,\varepsilon_0} \pi\, R^2 \sin^2 \varphi = \frac{\varepsilon_0^2\, V^2}{R^2} \frac{\pi\, R^2 \sin^2 \varphi}{2\,\varepsilon_0},$$

Soit, en définitive,

$$f = \frac{\pi\, \varepsilon_0 \sin^2 \varphi}{2} V^2\ ;$$

Elle est indépendante du rayon de la sphère.

Exercice B.2***** « *Champ à l'extérieur des conducteur* »

1) Le rayon d'une sphère conductrice S et R. Calculer la charge totale et la densité superficielle de cette sphère portée au potentiel V.

2) Un petit disque métallique, de rayon r, de masse m, d'épaisseur négligeable, est appliqué sur la partie la plus haute de la sphère. A quel potentiel V_0 faut-il porter la sphère pour que le disque se soulève ?

   Application numérique : R = 50 cm, r = 1 cm, m=0,1 g ; G = 10 m/s^2

DU MAL A DEMARRER ?

Corrigé Exercice B.2

On a établi B1**** que la charge est $Q=4\pi\varepsilon_0 RV$ et la densité superficielle

$$\sigma = \frac{Q}{4\pi R^2} = \epsilon_0 \frac{V}{R}$$

La sphère supérieure du disque, supposé en contact avec la sphère sur toute sa face inférieure, prend une charge de densité σ ; elle est soumise à une force verticale $f = \frac{\sigma^2}{2\epsilon_0} s$, calculée d'après l'expression de la pression électrostatique en un point d'un condensateur. Or $s=\pi r^2$, donc :

$$f = \frac{1}{2\epsilon_0}\frac{\epsilon_0^2 V^2}{R^2}\pi r^2 = \frac{\pi\epsilon_0}{2}\frac{r^2}{R^2}V^2;$$

Le disque est soulevé quand le potentiel atteint une valeur V_0 telle que f=mg.

Soit :

$$\frac{\pi\epsilon_0}{2}\frac{r^2}{R^2}V_0^2 = mg,$$

D'où :

$$V_0 = \frac{R}{r}\sqrt{\frac{2mg}{\pi\epsilon_0}}$$

V0=240 000 Volts.

Exercice B.3*** « Système de deux conducteurs sphériques. Capacité et coefficients d'influence »

Deux conducteurs sphériques de rayons R_1 et R_2 ont leurs centres à une distance L. Calculer leurs capacités et leurs coefficients d'influence. On fera l'approximation suivante : pour les actions éloignées on supposera que chaque sphère est équivalente à sa charge placée à son centre.

DU MAL A DEMARRER ?

Corrigé Exercice B.3****

Par définition des capacités C_{11} et C_{22} et des coefficients d'influence, nous avons les relations suivantes :

$Q_1=C_{11}V_1+C_{12}V_2$
$Q_2=C_{21}V_1+C_{22}V_2$

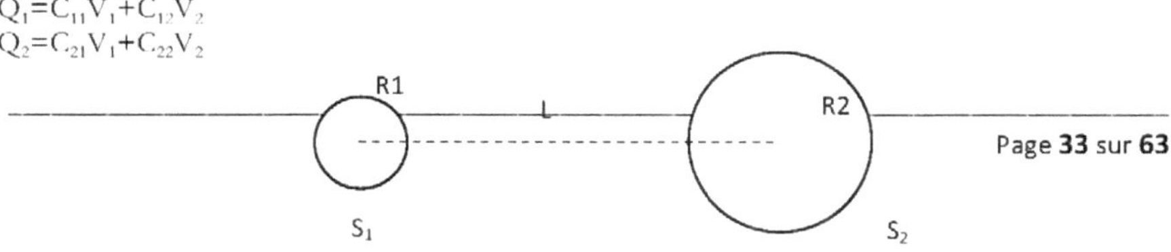

Pour faire le calcul, appliquons la méthode qui sert à introduire ces coefficients. Mettons la sphère S_2 au sol et S_1 au potentiel V_1. Les charges seront :
$Q_1=C_{11}V_1$ et $Q_2=C_{21}V_1$
Calculons les potentiels à partir des charges par la formule : $V_M = \frac{1}{4\pi\varepsilon_0}\sum\frac{q_i}{MP_1}$
La charge q_i se trouvant au point P_i
Le potentiel d'un conducteur en équilibre électrique a même valeur en tout point du conducteur, faisons le calcul de V au centre de chacune des sphères.

Pour S_1

$$V_1 = \frac{1}{4\pi\varepsilon_0}\left(\frac{Q_1}{R_1}+\frac{Q_2}{L}\right) = \frac{V_1}{4\pi\varepsilon_0}\left(\frac{C_{11}}{R_1}+\frac{C_{21}}{L}\right)$$

Car toute la charge Q_1 est à la distance R_1 du centre de S_1 et la charge Q_2 par approximation, est à la distance L. De même pour S_2 :

$$V_2 = \frac{1}{4\pi\varepsilon_0}\left(\frac{Q_1}{L}+\frac{Q_2}{R_2}\right) = \frac{V_2}{4\pi\varepsilon_0}\left(\frac{C_{11}}{L}+\frac{C_{21}}{R_2}\right) = 0$$

D'où les deux équations :

$LC_{11}+R_1C_{21}=4\pi\varepsilon_0 R1L$
$R_2C_{11}+LC_{21}=0$

Nous en tirons :

$$C_{11} = 4\pi\varepsilon_0\frac{R_1L^2}{L^2-R_1R_2}$$

$$C_{21} = -4\pi\varepsilon_0\frac{R_1R_2L^2}{L^2-R_1R_2}$$

Or $L>R_1+R_2$ donc $(L_2\text{-}R_1R_2)$ est positif. Nous vérifions que C_{11} est positif et C_{21} négatif, de plus C_{21} est symétrique par rapport aux indices 1 et 2.

Par symétrie sur les indices, nous en déduisons,
$C_{21}=C_{21}$

et $C_{22} = 4\pi\varepsilon_0\frac{R_2L^2}{L^2-R_1R_2}$

A cause de l'hypothèse simplificatrice ces calculs ne sont qu'approchés. Enfin, si L tend vers l'infini, C_{21} tend vers 0 et C_{11} et C_{22} tendent vers la capacité d'une sphère seule dans l'espace.

Exercice B.4*** « Bilan d'énergie dans le déplacement de deux conducteurs sphériques en influence »

Un conducteur sphérique s de rayon r est fixe et maintenue à un potentiel constant *v*. au voisinage se trouve un autre conducteur sphérique S isolé de rayon R portant une charge constante Q. Les deux centres des sphères restent dans un même plan horizontal, leur distance est L.

1. Calculer la charge s de s et le potentiel V de S en fonction de *v*, Q, r, R et L.
2. Calculer la force électrique f qui existe entre ces deux conducteurs et le travail We qu'elle effectue lorsque la sphère S est éloignée indéfiniment, la distance initiale étant L_0.
3. Calculer le gain d'énergie ΔW de ce système de conducteurs au cours de ce déplacement.

On prend : $Q=9.10^{-6}$C, *v* = 22500V, r=10cm, R=40cm, L_0=2mètres.

DU MAL A DEMARRER ?

1. Ecrivez les potentiels des sphères sont *v*, et V lorsque leurs charges sont q et Q. Pour cela vous remarquez que le potentiel a même valeur en tout point d'un conducteur en équilibre électrique de la force électrique et que le calcul est facile au centre d'une sphère puisque les charges portées par la sphère sont à une distance, constante et connue, de son centre.

Corrigé Exercice B.4****

En utilisant la formule classique du calcul du potentiel :

$$V_M = \frac{1}{4\pi\epsilon_0}\sum \frac{q}{PM}$$

Pour s,

$V_M = \frac{1}{4\pi\epsilon_0}\left(\frac{q}{r} + \frac{Q}{L}\right)$ Puisque la charge Q est sensiblement à lazdistance L du centre de s ;

Et pour S : $V_M = \frac{1}{4\pi\epsilon_0}\left(\frac{q}{L} + \frac{Q}{R}\right)$

Nous en tirons $q = r\left(4\pi\epsilon_0 v - \frac{Q}{L}\right)$ q= -2.10^{-7}C

Et $V_M = \frac{Q}{4\pi\epsilon_0}\left(\frac{1}{R} - \frac{r}{L^2}\right) + \frac{r}{L}v$ V_M=201.600V

2. Assimilons les sphères à des charges placées à leurs centres, la loi de coulomb donne l'expression :

$f = \frac{1}{4\pi\epsilon_0}\frac{qQ}{L^2} = \frac{rQ}{L^2}\left(v - \frac{Q}{4\pi\epsilon_0 L}\right)$ f =-4,05 10^{-3} N c'est une attraction

Si q et Q sont de même signe, la force sera une répulsion et son travail pour un déplacement *dl* sera donné en signe par : *dW=f dl.* Le travail total sera :

$$W_e = \int_{L_0}^{\infty} f \times dl = \frac{rQv}{L_0} - \frac{rQ^2}{4\pi\varepsilon_0} \times \frac{1}{2L_0^2}$$

W_e=+1,012 10^{-3} J

3. L'énergie de ce système est donnée par la formule générale :

$$W = \frac{1}{2}\sum(Q_i \cdot V_i)$$

$$W_1 = \frac{1}{2}(qv + QV) = \frac{1}{2}\left(4\pi\varepsilon_0 r v^2 - \frac{rQ^2}{4\pi\varepsilon_0 L^2} + \frac{Q^2}{4\pi\varepsilon_0 R}\right)$$

L'énergie finale W_2 s'obtient en faisant tendre L_0 vers l'infini et l'accroissement $\Delta W = W_2 - W_1$ de l'énergie vaut donc :

$$\Delta W = \frac{rQ^2}{4\pi\varepsilon_0} \cdot \frac{1}{2L_0^2}$$

$\Delta W = +9{,}112\ 10^{3}$ J

EXERCICE B.5***« Conducteur unique isolé. Capacité »

Un disque métallique circulaire de Rayon R, très mince, isolé et immobile, est porteur d'une charge électrique. On admettra que la charge se répartit avec une densité superficielle σ proportionnelle $(R^2 - r^2)\left(-\frac{1}{2}\right)$, r étant la distance à l'axe. Calculer la capacité de ce disque.

On donne R= 10cm

DU MAL A DEMARRER ?

Nous calculerons successivement la charge et le potentiel du conducteur.

Corrigé Exercice B.5***

Considérons une couronne circulaire centrée sur l'axe, de rayon r et d'épaisseur *dr* (Voir Figure) ; sa surface $dS=2\pi r dr$ porte la charge élémentaire

$$dq = \sigma dS = \frac{k}{\sqrt{R^2 - r^2}} 2\pi r dr;$$

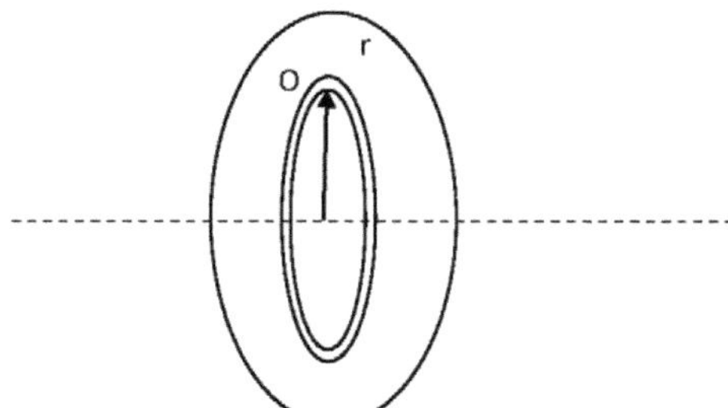

La charge du disque est celle portée par les deux faces, soit :

$$Q = 2\int_0^R dq = 2k\pi \int_0^R \frac{2rdr}{\sqrt{R^2 - r^2}}$$

Posons R^2-r^2=u^2 ; en différentiant, il vient udu= - rdr, d'où

$$\pi \int -du = 4k\pi \left(\sqrt{R^2 - r^2}\right) \qquad \pi R$$

Le conducteur en équilibre est une surface équipotentielle ; calculons ce potentiel au point O sur l'axe. Les charges de la couronne créent en O le potentiel

$$\frac{}{\pi}\frac{\sigma 2\pi r}{} \quad \frac{}{2\epsilon}\frac{}{\sqrt{R}}$$

Le potentiel du disque, en tenant compte des charges des deux faces, est

$$2\int \frac{}{2\epsilon}\frac{}{\sqrt{R}}$$

Et, en posant r=R sin φ, il vient

$\sqrt{R^2 - r^2} = R\cos\varphi$ et $dr = R\cos\varphi d\varphi$

D'où, les limites d'intégration étant 0 et −,

$$-\int^{\frac{\pi}{}} d\varphi \quad \frac{\pi}{}$$

En définitive :

−

C=7pF

SERIE C : ELECTROCINETIQUE

Un peu d'Histoire

Georg Simon OHM, né le 16 mars **1789** à Erlangen en Allemagne et mort à **65 ans** le 6 juillet **1854** à Munich, était un physicien allemand ayant étudié à l'université d'Erlangen. En utilisant du matériel de sa propre invention, Ohm détermine qu'il y a une relation de proportionnalité directe entre la différence de potentiel appliquée aux bornes d'un conducteur et le courant électrique qui le traverse, ce qu'on appelle maintenant **la loi d'Ohm**. Utilisant ces résultats expérimentaux il détermine les relations fondamentales entre **courant, tension et résistance électrique**, ce qui constitue le départ de l'analyse des circuits électriques.

Gustav Robert KIRCHHOFF (1824-1887)

Gustav Robert KIRCHHOFF (né le 12 mars **1824** à Königsberg, en Prusse Orientale et décédé à Berlin le 17 octobre **1887**) est l'un des plus grands physiciens du XIXe siècle, avec des contributions essentielles à l'électrodynamique, la physique du rayonnement et la théorie mathématique de l'élasticité. Bien qu'il doive sa célébrité aux lois relatives au courant électrique dans les circuits (**loi des mailles et loi des nœuds dites Lois de Kirchhoff**), qu'il a établies alors qu'il était encore étudiant, c'est surtout en tant que fondateur, avec Robert Bunsen, de la spectroscopie qu'il a apporté sa plus grande contribution à la science.

Georg Simon OHM (1789-1854) à 65 ans

Le comte *Alessandro Giuseppe Antonio Anastasio VOLTA*, né à Côme le 18 Février **1745** et mort à Côme le 5 Mars**1827**, est un physicien italien. Il est connu pour ses travaux sur **l'électricité** et pour l'invention de la première **pile électrique**, appelée **pile voltaïque**. En **1881**, l'unité de tension électrique, le **volt**, est ainsi nommée en son honneur.

Alessandro Giuseppe Antonio Anastasio VOLTA (1745-1827)

FAIRE LE POINT

Vrai ou Faux ?

1. L'unité de capacité d'un condensateur est le farad.

2. La charge d'un condensateur est la charge totale portée les deux armatures.

3. La capacité d'un condensateur plan augmente lorsqu'on rapproche les deux armatures.

4. Dans un circuit, une branche comportant un condensateur n'est jamais parcourue par un courant.

5. La capacité du condensateur équivaut à l'association parallèle de deux condensateurs de capacité 2,2 µF et 3,3 µF est égale à 5,5 µF.

6. Pour un condensateur d'armature A et B, nous avons $q_b = C\,U_{BA}$

Réponses : 1 : Vrai, **2** : Faux, **3** : Vrai, **4** : Faux, **5** : Vrai, **6** : Vrai.

APPLICATION DIRECTE DU COURS

Exemple 1* « *Généralités sur le courant continu* »

Un condensateur de capacité 6 µF, chargé sous une tension de 500 V, est déchargé dans un voltmètre contenant une solution de soude. Combien de fois faudrait-il répéter les opérations de charge et de décharge pour recueillir 1cm^3 d'hydrogène à la cathode ?

Corrigé Exemple 1

Chaque décharge libère une quantité d'électricité égale à :

$$6 \cdot 10^{-6} \cdot 500, \text{ soit } 3 \quad 10^{-3}\,C.$$

D'après la loi de Faraday, il faut 96500 C pour libérer 11 200 cm^3 d'hydrogène ; le dégagement de 1 cm^3 de ce gaz exige donc

$$\frac{96500}{11200} = 8{,}61\ C,$$

Représentant $\frac{8{,}61}{3 \cdot 10^{-3}}$

Soit 2870 décharges du condensateur.

Ce qu'il faut retenir de cet exemple

Exemple 2 « *Conductibilité et mobilité des charges dans l'atome du cuivre* »

La masse atomique du cuivre est 63,6, sa masse volumique 8800 kg/m^3 ; sa structure électronique (Z = 29) laisse penser qu'un seule électron, le plus extérieur de l'atome, est libre. Calculer la vitesse d'un courant électrique de 10A/mm^2 dans un fil de cuivre.

Corrigé Exemple 2

Le nombre n par m^3 d'électron de conduction est :

$$n = \frac{8{,}8 \cdot 10^6 \times 6 \cdot 10^{23}}{63{,}6} = 8{,}3 \cdot 10^{28};$$

La vitesse v de déplacement d'ensemble des électrons est donnée par $j = nev$

j = 10A/mm^2 = 10^{7}A/m^2, e = 1,60.10^{-19}C,

d'où :

$$v = \frac{10^7}{8{,}3 \cdot 10^{28} \times 1{,}6 \cdot 10^{-19}} = 0{,}75 \cdot 10^{-3} m/s,$$

Soit : $v = 0{,}75\ mm/s$

Ce qu'il faut retenir de cet exemple

Exercice C.1*** « *Calcul de la résistance équivalente d'un circuit complexe* »

Soit le montage de la figure ci-dessous :

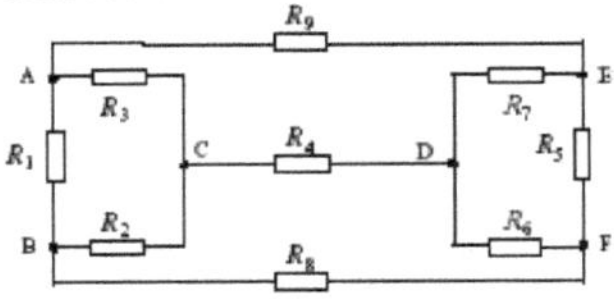

Déterminer la résistance équivalente entre les points A et E.
Application numérique : $R_1 = R_5 = 2$ kΩ, $R_3 = R_7 = 3$ kΩ, $R_2 = R_6 = 5$ kΩ, $R_4 = 1$ kΩ, $R_8 = R_9 = 8$ kΩ.

DU MAL A DEMARRER ?

C.1*** Nous constatons que A, B, C d'une part et D, E, F d'autre part forment deux circuits triangles. Comme nous l'avons présenté à la figure ci-dessus, vous commencer par transformer le triangle ABC en son équivalent étoile. Pour cela, vous appeler M le nœud des trois branches MA, MB et MC.

Corrigé Exercice C.1*** « *Calcul de la résistance équivalente d'un circuit complexe* »

Nous transformons aussi le triangle DEF en son équivalent étoile. Pour cela nous appelons N le nœud des trois branches ND, NE et NF.

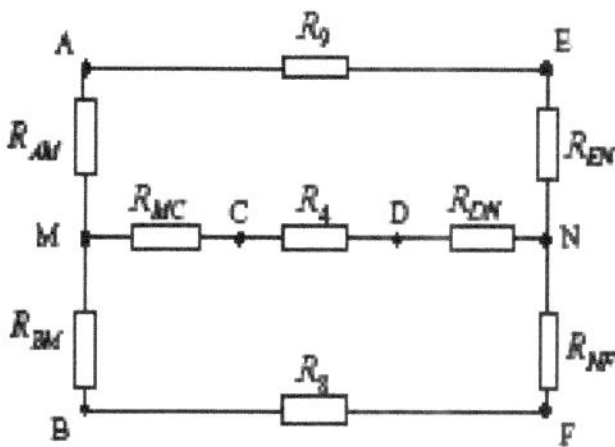

Les expressions des différentes résistances ainsi que leurs applications numériques sont :

$$R_{AM} = \frac{R_1\ R_3}{R_1 + R_2 + R_3} = \frac{2 \times 10^3 \times 3 \times 10^3}{10 \times 10^3} = 0{,}6k\Omega$$

$$R_{BM} = \frac{R_1\ R_2}{R_1 + R_2 + R_3} = \frac{2 \times 10^3 \times 5 \times 10^3}{10 \times 10^3} = 1k\Omega$$

$$R_{CM} = \frac{R_2\ R_3}{R_1 + R_2 + R_3} = \frac{3 \times 10^3 \times 5 \times 10^3}{10 \times 10^3} = 1{,}5k\Omega$$

Par symétrie, nous pouvons déduire les valeurs de R_{ND}, R_{NE} et R_{NF} :

$R_{NE} = 0{,}6$ kΩ, $R_{NF} = 1$ kΩ et $R_{ND} = 1{,}5$ kΩ

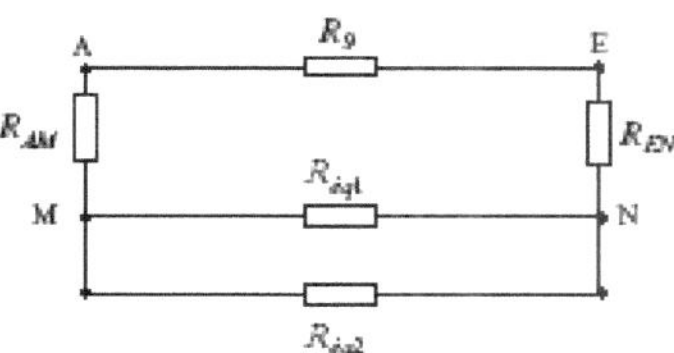

Schéma du circuit après simplification.

Entre les points M et N, nous avons une première branche constituée de la mise en série de trois résistances : R_{MC}, R_4 et R_{DN}.

Soit :

$R_{éq1} = R_{MC} + R_4 + R_{DN} = 4$ kΩ

Nous trouvons aussi une autre branche constituée de la mise en série de trois résistances : R_{BM}, R_8 et R_{NF}.

Soit :

$R_{éq2} = R_{BM} + R_8 + R_{NF} = 10{,}5$ kΩ

Finalement, entre A et B, nous avons une résistance totale :

$$R_{éq3} = \frac{R_{éq1}\ R_{éq2}}{R_{éq1} + R_{éq2}} + R_{AM} + R_{EN} = 3{,}74k\Omega$$

Exercice C.2**** « Réseaux complexe comportant trois appareils polarisés »

Calculer les intensités dans les différentes branches du réseau ci-contre où les générateurs sont réversibles et ont des résistances intérieures négligeables.
Donner les valeurs des d.d.p $(V_P - V_N)$, $(V_M - V_Q)$, $(V_P - V_Q)$ et $(V_M - V_N)$.

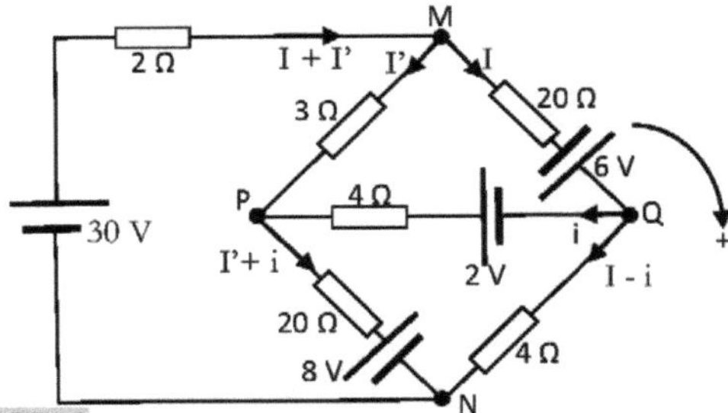

DU MAL A DEMARRER ?

C.2** Mettre sur la figure simplifiée du réseau et écrivez les lois aux nœuds directement sur la figure ce qui gagne du temps. Vous voyez que trois intensités inconnues sont suffisantes.

Corrigé Exercice C.2****« Réseaux complexe comportant trois appareils polarisés »

La petite maille MQP donne :

$$20\,I - 6 - 2 + 4\,i - 3\,I' = 0 \qquad (1)$$

La petite maille QNP donne :

$$4\,(I-i) - 8 - 20\,(I'+i) - 4\,i + 2 = 0 \qquad (2)$$

Enfin il faut utiliser G, prenons la maille MPNGM :

$$3\,I' + 20\,(I'+i) + 8 - 30 + 2\,(I+I') = 0 \qquad (3)$$

Ordonnons ces trois équations en I, I' et i.

$$\begin{cases} 20\,I - 3\,I' + 4\,i - 8 = 0 \\ 4\,I - 20\,I' - 28\,i - 6 = 0 \\ 2\,I + 25\,I' + 20\,i - 22 = 0 \end{cases}$$

En appliquant une des méthodes classique de résolution, nous trouvons :

$$I = 1\text{ A},\ I' = 2\text{ A et } i = -1{,}5\text{ A}$$

Donc le courant dans la branche PQ va en réalité de P vers Q.
L'intensité dans PN va de P vers N et vaut 0,5 A, celle dans QN va de Q vers N et vaut 2,5 A ; enfin l'intensité totale dans G est 3 A.
Calculons les d.d.p. demandées :

$V_P - V_N = 20\,(I'+i) + 8 =$ **18 volts** et l'appareil polarisé y joue un rôle de **récepteur.**
$V_M - V_Q = 20\,I - 6 =$ **14 volts** et l'appareil polarisé y joue un rôle de **générateur.**
$V_P - V_Q = -4\,i + 2 =$ **8 volts** et l'appareil polarisé y joue un rôle de **récepteur** car le courant réel va de P à Q.
Enfin $V_M - V_N = (V_M - V_Q) + (V_Q - V_P) + (V_P - V_N) = 14 - 8 + 18 =$ **24 volts.**
On pourrait aussi le calculer en passant par G.
$V_M - V_N = -2\,(I+I') + 30 =$ **24 volts** ce qui constitue une vérification.

Un peu d'Histoire

Charles WHEATSTONE est un physicien et inventeur anglais, né le 6 Février **1802** à Barnswood près de Gloucester et mort à Paris le 19 Octobre **1875**.

On lui doit notamment :

- Le concertina anglais ;
- Un des premiers microphones ;
- **Le pont de Wheatstone** ;
- Le stéréoscope à miroirs et le principe même de la stéréoscopie (**1838**) ;
- Le premier télégraphe électrique, de Londres à Birmingham (**1838**).

Charles WHEATSTONE (1802-1875)

Exercice C.3*** « Pont de Wheatstone »

Un microampèremètre à cadre mobile dont la résistance est 10 000 Ω, donne sa pleine déviation quand un courant de 100 µA le traverse. On désire l'utiliser pour mesurer les variations de tension du secteur continu dont la valeur s'écarte peu de 120 V.

Pour cela on le place dans la diagonale BD d'un pont comprenant deux résistances égales R_1 et R_2, indépendantes du courant qui les traverse, et deux lampes identiques L_1 et L_2 ; la tension U aux bornes d'une lampe est reliée à l'intensité du courant qui la traverse par la relation :

$(i + 10)^2 = 40\ (U + 2{,}5)$ avec i en milliampères et U en volts, pour des valeurs de U comprises entre 0 et 100 volts.

1) Déterminer la valeur des résistances R_1 et R_2 pour que le pont soit en équilibre lorsqu'une tension de 120 volts lui est appliquée.

2) Calculer la plus petite variation de tension du secteur que l'on peut apprécier au voisinage de 120 volts, l'ampèremètre permettant de déceler un courant de 1 µA.

DU MAL A DEMARRER ?

C.3*** Vous savez que le pont est équilibré quand $R_1 = R_2 = L_1 = L_2$; le même courant traverse alors L_1 et L_2, leurs résistances sont égales.

Corrigé Exercice C.3*** « Pont de Wheatstone »

La chute de tension dans AB est 60 volts ; on en déduit la valeur de l'intensité du courant dans L_1, soit i_1 telle que :

$$(i + 10)^2 = 40\ 62{,}5 = 2500,$$

4 Ω

D'où :

2 V

$$i_1 = 40 \text{ mA} = 0{,}04 \text{ A}.$$

6 V

La résistance de L1 à l'équilibre est $\dfrac{60}{0{,}04} = 1500\ \Omega$; c'est également celle de R_1 et R_2.

Supposons que la tension du secteur varie de ΔV ; les courants varient dans les différentes branches du pont, entrainant des variations de résistances, donc le déséquilibre du pont.

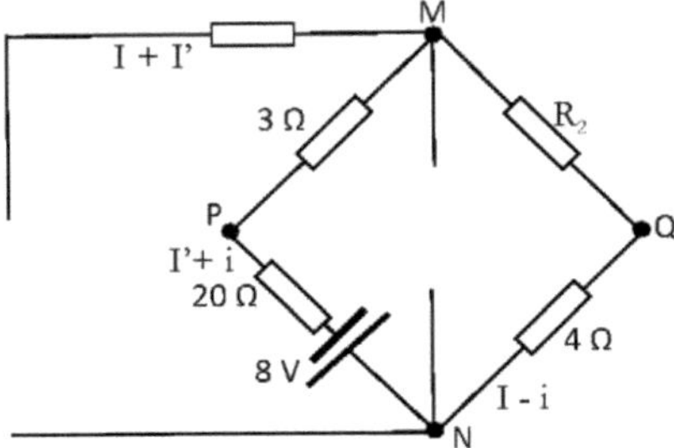

A partir de $i_1 = 40$ mA, une variation di du courant provoque une variation dU de la tension aux bornes, donnée par : $40\, dU = 2\,(i_1 + 10)\, di = 100\, di$

Si di est exprimé en ampères, la relation entre dU et di s'écrit :

$$dU = 2500\, di$$

La variation de tension aux bornes de R_1 ou de R_2 est 1500 di' quand le courant varie de di'.

Supposons qu'a la suite de la variation ΔV de la tension du secteur, les courants dans les différentes branches aient les sens et les valeurs marqués sur la figure ****. Le courant minimal j dans l'ampèremètre, permettant de déceler la variation ΔV, est 1 µA, auquel correspond une différence de potentiel.

$$V_D - V_B = 10^{-6}\, 10^{4} = 0{,}01 \text{ volts}$$

Evaluons le long de deux trajets la variation ΔV de V_A - V_B ; en suivant le parcours ADBC,

$\Delta V = \Delta\,(V_A - V_B) + \Delta\,(V_D - V_B) + \Delta\,(V_B - V_C)$,

$\Delta V = 1500\, di' + 0{,}01 + 1500\,(di+j) = 1500\,(di + di' + j) + 0{,}01$ (1)

En suivant le trajet ABDC,

$\Delta V = \Delta\,(V_A - V_B) + \Delta\,(V_D - V_B) + \Delta\,(V_B - V_C)$

$2500\, di - 0{,}01 + 2500\,(di' - j) = 2500\,(di + di' - j) - 0{,}01$ (2)

Des relations (1) et (2) il vient en éliminant $di + di'$,

$$\Delta V = 7500\, j + 0{,}04,$$

Soit, avec $j = 10^{-6}$

$$\Delta V = 0{,}047 \text{ volt.}$$

On peut remarquer que les courants dans AB et CD sont égaux, de même que dans AD et BC.

Un peu d'Histoire

James Prescot JOULE. On doit à ce physicien anglais les premiers travaux sur les transformations **travail mécanique-chaleur** et les lois relatives au **dégagement de chaleur** dû au **courant électrique**. Il a également énoncé une relation entre le courant électrique traversant une résistance et la chaleur dissipée par celle-ci, appelée au XXe siècle **la loi de Joule.**

James Prescot JOULE (1818-1889).

Exercice C.4** « Effet Joule résistance »

Le filament d'une lampe a, dans les conditions de fonctionnement, une longueur $l = 1$ cm, un rayon $r = 0{,}02$ mm et une résistivité $\rho = 50$ μΩ cm. On y fait passer un courant $i = 0{,}25$ ampère. On admettra que la quantité de chaleur dégagée par le courant et rayonnée par le filament est exprimée en Watts par la formule :

$$W = 27\ 10^{-21}\ ST^6$$

Où S est la surface extérieure du filament en cm^2 et T sa température absolue.

Trouver la température du filament et calculer sa résistance.

DU MAL A DEMARRER ?

C.4** Dans l'hypothèse où ρ est indépendante de T, la puissance Ri^2 fournie par le courant est constante ; une partie sert à élever la température du filament, le reste est dissipé par rayonnement.

Corrigé Exercice C.4** « Effet Joule résistance »

La fraction rayonnée croit comme T^6, donc très rapidement et quand elle devient égale à la puissance électrique reçue, on atteint un régime permanent caractérisé par une température fixe limite θ.

Or :

$$R = \rho\frac{l}{\pi r^2}\ ,\ S = 2\pi rl\ ;$$

θ est donnée par l'équation :

$$Ri^2 = 27 \cdot 10^{-21} S T^6$$

Où

$$\rho\frac{l}{\pi r^2}i^2 = 27 \cdot 10^{-21} \times 2\pi rl\theta^6\ ,$$

D'où l'on tire :

$$\theta^6 = \frac{\rho i^2}{54\times 10^{-21}\pi^2 r^3}$$

On remarque que θ est indépendant de *l*. En passant aux valeurs numériques :

$\rho = 5\times 10^{-5}\,\Omega.cm$, $r = 2\times 10^{-3}cm$, $i = 0{,}25A$, il vient

$$\theta = \frac{5\times 10^{-5}\times 0{,}0625}{54\times 10^{-21}\times \pi^2 \times 8\times 10^{-9}},$$

$$\theta = 3030°K$$

Exercice C.5** « *Conséquence et application de l'effet Joule* »

Une résistance non métallique R_1, soumise à une tension V constante s'échauffe. R_1 dépend de la température θ suivant la loi :

$$R_1 = a\, e^{\frac{b}{\theta+273}}$$

a et *b* sont des constantes.

Le milieu ambiant étant à 0°C, la puissance dissipée en chaleur à la température d'équilibre θ_m est $k\theta_m$. Indiquer la relation entre V et θ_m, a et étant connu. Monter que la tension V ne peut être supérieure à une certaine valeur V_m.

Pour V_m = 26V, l'intensité du courant dans R_1 est i = 18mA avec k = 20mW/°C.
Calculer θ_m, b et a.

DU MAL A DEMARRER ?
Vous commencer de l'idée que l'équilibre thermique est atteint lorsque la puissance calorifique produite par le courant est égale à celle dissipée.

Corrigé Exercice C.5**« *Conséquence et application de l'effet Joule* »

L'équilibre thermique est atteint quand la puissance calorifique produite par le courant est égale à celle dissipée.

$$\frac{v^2}{ae^{\frac{b}{\theta_m+273}}} = k\theta_m$$

Différentions la relation $\frac{1}{ak}v^2 = \theta_m e^{\frac{b}{\theta_m+273}}$;

$$\frac{2}{ak}v\frac{dv}{d\theta_m} = e^{\frac{b}{\theta_m+273}}\left(1 - \frac{b\theta_m}{(\theta_m+273)^2}\right);$$

$\frac{dv}{d\theta_m}$ s'annule pour $(\theta_m + 273)^2 = b\theta_m$, équation qui possède des racines si *b > 4. 273*. A cette condition, *v* présente un maximum v_m.

Pour v_m = 26V $i = \frac{18}{1000} = \frac{v_m}{R_1}$, d'où $R_1 = \frac{13000}{9}\Omega$

En reportant cette valeur de R_1 dans l'équation d'équilibre $\frac{v^2}{R_1} = k\theta_m$, on en déduit :

$$\theta_m = \frac{v^2}{kR_1} = \frac{26^2 \times 9}{20 \times 10^{-3} \times 13000} = 22{,}4°C$$

La valeur de *b* est fournie par l'équation $(\theta_m + 273)^2 = b\theta_m$; on en tire

$$b = \frac{(\theta_m + 273)^2}{\theta_m},$$

Soit ici

b = 3754°K

On calcule *a* à partir de l'expression de R_1 :

$$\frac{13000}{9} = ae^{\frac{3754}{296{,}4}},$$

D'où : *a* = 0,0045 Ω

Exercice C.6***** « Réseaux de conducteurs Loi e Kirchhoff »

Montrer que la deuxième loi de Kirchhoff appliquée à une maille ne comprenant que des résistances mortes expriment que l'effet Joule est minimal.

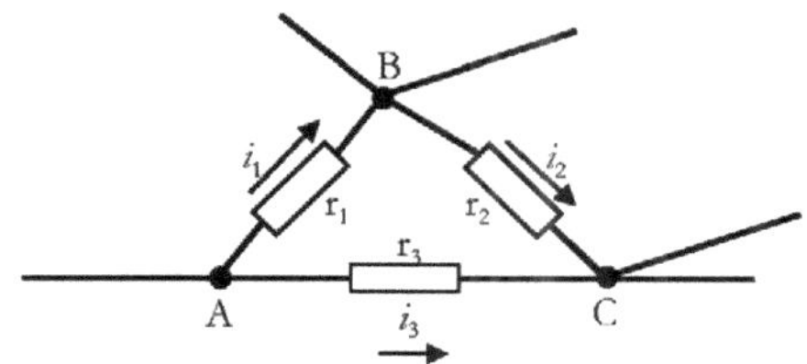

DU MAL A DEMARRER ?
Considérons la maille triangulaire ABCA ; les coutants dans les diverses branches ont les sens et les valeurs marqués sur la figure ci-dessous.

Corrigé Exercice C.6***** « Réseaux de conducteurs Loi e Kirchhoff »

La puissance dissipée par effet Joule dans cette maille est :

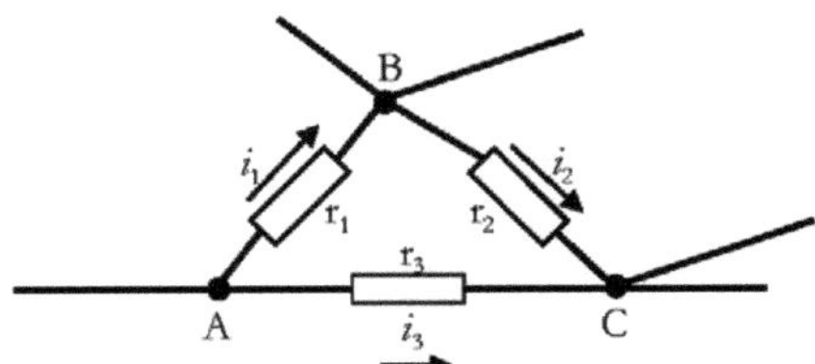

$W = r_1 i_1^2 + r_2 i_2^2 + r_3 i_3^2$, à laquelle correspond la variation $dW = 2(r_1 i_1\ di_1 + r_2 i_2\ di_2 + r_3 i_3\ di_3)$ pour des variations di_1, di_2, di_3 des courants.

Exprimons que ces variations ne modifient pas les courants dans les conducteurs ne faisant pas partie de la maille. Aux nœuds B et C, on a

$$i_1 = i_2 + Cte \qquad \text{et} \qquad i_2 + i_3 = Cte,$$

D'où $\quad di_1 = di_2 \quad$ et $\quad di_3 = -di_2 = -di_1;$

Donc $\quad dW = 2(r_1 i_1 + r_2 i_2 - r_3 i_3) di_1$

La deuxième loi de Kirchhoff, $\Sigma ri = 0,$ appliquée à la maille donne l'égalité

$r_1 i_1 + r_2 i_2 - r_3 i_3 = 0;$

Donc $dW = 0$: l'effet Joule est minimal.

Le résultat est facile à généraliser au cas d'une maille formée d'un nombre quelconque de résistances mortes : si le courant i_1, par exemple, subit une variation di_1, tous ceux, tels que , de même sens que lui subissent la même variation, ceux, tels que i_j de même sens que lui subissent la même variation, ceux de sens inverses, tels que i_k, varient de $-di_1$. L'expression, de dW prend la forme :

$$dW = 2(r_1 i_1 + \cdots + r_j i_j + \cdots - r_k i_k + \cdots) di_1;$$

La loi de Kirchhoff s'exprime par :

$$r_1 i_1 + \cdots + r_j i_j + \cdots - r_k i_k + \cdots = 0,$$

Ce qui donne encore $dW = 0$, traduisant que l'effet Joule est minimal dans la maille.

Exercice C.7** « *Décharge d'un condensateur à travers son diélectrique* »

Un condensateur plan a un diélectrique de permittivité relative $\varepsilon_r = 4$ et de résistivité $\rho = 10^{18}$ Ωcm. Ce condensateur une fois chargé, se décharge à travers son diélectrique.

1) Au bout de combien de temps sa charge sera-t-elle réduite à la moitié de sa valeur initiale ?

2) Quelle conclusion en tirer ?

Corrigé Exercice C.7** « *Décharge d'un condensateur à travers son diélectrique* »

Si e est la distance des armatures et S leur surface, la capacité du condensateur est $C = \frac{\varepsilon_0 \, \varepsilon_r \, S}{e}$

Les lignes de courant sont normales aux plateaux, donc la résistance du diélectrique est :

$$R = \rho \frac{e}{S}$$

La charge décroit au cours du temps suivant la loi $Q = Q_0 \exp\left(\frac{-t}{RC}\right)$. Ici la constante de temps RC vaut $\varepsilon_0 \; \varepsilon_r \; \rho$.

Nous voyons qu'elle ne dépend pas des dimensions du condensateur. Ce résultat est général : RC ne dépend que de la substance qui sépare les armatures et non de leur forme.

Q sera égal à $\frac{Q}{2}$ lorsque $\exp\left(\frac{t}{RC}\right) = 2$

Soit $t = RC \; Log 2$ = 0,69 RC = $0{,}69 \, \varepsilon_0 \; \varepsilon_r \; \rho$.

Prenons le système M.K.S.A

$\varepsilon_0 = \frac{1}{36\pi \, 10^9}$ et 1 ohm cm = 0,01 ohm mètre, d'où $\rho = 10^{16}$ Ωm

Par suite : $t = 2{,}45 \; 10^5$ secondes soit environ 68 heures

Donc il n'est pas possible de conserver de l'énergie électrique dans un condensateur, on utilise des accumulateurs.

Exercice C.8**** « *Groupement ou couplage des générateurs* »

On dispose de 18 générateurs identiques, chacun de 1,8V de f.é.m. et de 2Ω de résistances intérieures. Comment doit-on les associer pour obtenir l'intensité maximale dans la résistance extérieure de 3Ω ?

DU MAL A DEMARRER ?

Vous former p séries de q éléments avec branchement en dérivation, et vous calculer l'intensité au niveau du circuit

Corrigé Exercice C.8**** « Groupement ou couplage des générateurs »

Si l'on forme p séries de q éléments chacune groupées en dérivation, l'intensité dans la partie extérieure du circuit est :

$$I = \frac{18 \times 1{,}8}{3p + 2q}$$

Avec $p\,q = 18$. Le dénominateur est minimal pour $3p = 2q$

Ou : $3p^2 = 2pq = 2 \times 18,$

D'où l'on tire : $p = \sqrt{12} = 3{,}46.$

Les valeurs entières les plus proches sont 3 et 4, mais il n'est pas possible d'envisager le cas de $p = 4$ (q ne serait pas entier). La solution acceptable est

$P = 3,\ q = 6$

L'intensité extérieure est alors :

$$I = \frac{18 \times 1{,}8}{3 \times 3 + 2 \times 6} = 1{,}54\ A$$

Un peu d'histoire

Michael FARADAY FRS (Newington, 22 septembre **1791** - Hampton Court, 25 août **1867**) est un physicien et un chimiste britannique, connu pour ses travaux fondamentaux dans le domaine de **l'électromagnétisme et l'électrochimie**. En **1833**, il introduit les termes d'anode, de cathode, d'anion, de cation et d'ion (sans pour autant connaître la notion de courant électrique, découverte plus tard par André Marie Ampère). Il a donné son nom au **Farad**, l'unité SI de **capacité électrique**, ainsi qu'à une charge électrique, la constante de Faraday.

Michael FARADAY (1791-1867)

Exercice C.9**** « *Résistances de fuites du diélectrique d'un condensateur cylindrique* »

Calculer la résistance de fuite entre les armatures d'un condensateur cylindrique (de rayon R_1 et R_2 avec $R_2 > R_1$), de longueur *l*, sachant que le diélectrique situé entre ces armatures a une résistivité ϱ.

DU MAL A DEMARRER ?

Corrigé Exercice C.9**** « *Résistances de fuites du diélectrique d'un condensateur cylindrique* »

Les lignes de courant seront des segments de droites radiales. Appelons i l'intensité totale du courant de fuite et $\vec{I}$ le vecteur densité de courant.

Considérons un cylindre coaxial avec les armatures et de rayon r compris entre R_1 et R_2.

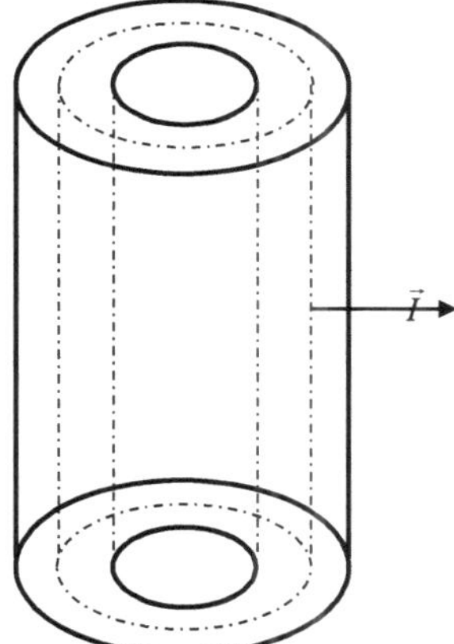

L'intensité *i* est le flux du vecteur densité de courant I à travers ce cylindre. Or I est normal à ce cylindre et a même module en chacun de ses points, donc :

$$i = 2\pi r l I$$

Or si $\vec{E}$ est le champ électrique, la relation d'Ohm-Kirchoff s'écrit : $\vec{I} = \frac{\vec{E}}{\rho}$ d'où $E = \frac{\rho i}{2\pi l r}$

En régime permanent, l'intensité *i* est constante à travers des sections en série, donc *i* est indépendant de *r*.
De plus la d.d.p. entre les armatures est égale (au signe près) à la circulation du champ électrique, donc :

$$V = \int E\,dr = \frac{\rho i}{2\pi l}\int_{R_1}^{R_2} \frac{dr}{r} = \frac{\rho i}{2\pi l} \quad Log\left(\frac{R_2}{R_1}\right)$$

Or $V = R\,i$, d'où la résistance de fuite :

$$R = \frac{\rho}{2\pi l} Log \frac{R_2}{R_1}$$

Remarque La capacité de ce condensateur est :

$$C = \frac{2\pi \varepsilon_0 \varepsilon_r l}{Log \frac{R_2}{R_1}}$$

Si ε_r est la permittivité relative.

Nous voyons que : $RC = \varepsilon_0 \varepsilon_r \rho$

$$\sum Q_{\text{int}} = q$$

$$\phi = E_1 \cdot 4\pi \cdot r^2 = \frac{q}{\varepsilon_0}$$

$$E_1 = \frac{q}{4\pi \varepsilon_0} \cdot \frac{1}{r^2}$$

<u>2ème cas R$_2$ <r < R$_2$</u>

$$\sum Q_{\text{int}} = ?$$

$$dq = \rho \frac{4}{3} \pi \cdot \left(r^3 - R_1^3\right)$$

$dq = \varrho \, dv$

$$\phi = E_2 \cdot 4\pi r^2 = \frac{q + \rho \frac{4}{3} \pi \left(r^3 - R_1^3\right)}{\varepsilon_0}$$

SERIE D : MAGNETOSTATIQUE

Un peu d'histoire

La découverte de l'induction électromagnétique

Quand Oersted eut montré en **1820** qu'un courant électrique produit des effets magnétiques, on songea à obtenir d'une façon inverse un courant à partir d'un aimant. En **1821**, Ampère s'était demandé si un courant électrique pouvait en induire un autre dans un circuit voisin. Avec de la Rive, à Genève, il réussit même à mettre en évidence un courant induit ; l'importance du phénomène échappa cependant au grand physicien.

Un autre expérimentateur, Colladon, physicien suisse, réalisa avant Faraday l'expérience qui consiste à introduire un aimant dans un solénoïde relié à un galvanomètre. De son côté, Frenel espéra un moment faire apparaître un courant dans des spires enroulées sur un aimant. Le résultat fut négatif, puisque seules des variations d flux peuvent induire un courant.

Arago, en **1824**, avait observé que si l'on approche une aiguille aimantée d'un disque en rotation, l'aiguille étant centrée sur celui-ci, elle tourne dans le même sens que le disque.

Faraday, quant à lui réalisa de très nombreuses expériences. Il examina avec minutie toutes les faces du problème et découvrit enfin le phénomène d'induction. A cette date, en **1831**, le physicien américain henry avait également obtenu des courants induits, mais il ne fit connaître ses résultats qu'après Faraday.

Cette découverte eut une grande répercussion pratique. En effet, Faraday, en montrant la possibilité de produire de l'électricité à partir du mouvement (autrement dit de transformer de l'énergie mécanique en énergie électrique, comme les piles le réalisaient à partir de l'énergie chimique), ouvrait la voie à Pixii, inventeur du premier alternateur, et à gramme inventeur de la première dynamo.

La première étude quantitative de l'induction fut entreprise par Weber, qui la publia en **1846**.

En **1864**, Maxwell publie une théorie qui englobe à la foi les phénomènes magnétiques et les phénomènes électrostatiques. Les équations de cette théorie l'amènent à prévoir l'existence d'ondes électromagnétiques, dont la célérité dans le vide dépend d'une certaine quantité (alors appelée « rapport des unités électriques et magnétiques »). La valeur de cette quantité, déterminée par Weber en **1855**, conduit à une célérité des ondes électromagnétiques égale, aux incertitudes près, à celle de la lumière (déterminée en **1849** par Fizeau); Maxwell en conclut que la lumière est une onde électromagnétique. Tous ces résultats sont confirmés vingt ans plus tard par les expériences du physicien allemand Hertz.

Hans Christian OERSTED (1777-1851) Physicien et chimiste danois. En juillet **1820**, il observe la déviation d'une aiguille aimantée placée au voisinage d'un conducteur parcouru par un courant. Unité **Oersted**, distinction **médaille Copley** (**1820**).

Hans Christian Oersted (**1777-1851**) à 73 ans

Nikola Tesla (**1856-1943**) Un inventeur et ingénieur américain d'origine serbe. Tesla était renommé pour ses inventions ainsi que pour son sens de la mise en scène, faisant de lui un archétype du « **scientifique fou** ». Il resta malgré tout dans un relatif anonymat jusqu'à plusieurs décennies après sa mort. Son œuvre trouve un regain d'intérêt dans la culture populaire depuis les années **1990**. En **1960**, son nom a été donné au tesla (T), l'unité internationale **d'induction magnétique**.

Nikola Tesla (**1856-1943**) à 86 ans

Wilhelm Eduard Weber (**1804-1891**) Physicien allemand. On lui doit une théorie originale de l'interaction électromagnétique. Avec Gauss, il construit en **1834**, le premier **télégraphe électrique**. En **1855**, il mesure le rapport « **rapport des unités électriques et magnétiques** », détermination qui permettra à Maxwell de développer sa **théorie électromagnétique de la lumière**. **Weber** publie en **1871** une théorie du magnétisme, voisine des théories modernes. L'unité de flux magnétique porte son nom.

Wilhelm Eduard Weber (1804-1891) à 86 ans

FAIRE LE POINT
Vrai ou Faux ?

1. Deux solénoïdes identiques, dont les axes orthogonaux, sont parcourus par des courants sinusoïdaux déphasés de $\frac{\pi}{2}$, de même fréquence et de même valeur efficace. En O, le champ magnétique résultant.

A. Est orienté à 45° des axes des solénoïdes.
B. Est de module constant.
C. Tourne avec une vitesse angulaire égale à la pulsation des courants.
D. Est nul.
E. Est perpendiculaire au plan formé par les axes des solénoïdes.

2. Un électron ayant une vitesse $\vec{V}_0$ est soumis à l'action d'un champ magnétique uniforme $\vec{B}$ produit au moyen de deux bobines de Helmholtz, sa trajectoire est circulaire.

A. Le mouvement de l'électron est uniforme.
B. L'accélération de l'électron est nulle.
C. La vitesse initiale $\vec{V}_0$ est colinéaire à $\vec{B}$.
D. Le rayon du cercle augmente si l'on fait croitre B, $\vec{V}_0$ étant constant.
E. Le courant a le même sens dans les bobines.
F. Le temps mis pour décrire un cercle ne dépend pas de $\vec{V}_0$.

Réponses : 1 : B, C : **2** : A, E, F, **3** : Vrai, **4** : Faux, **5** : Vrai, **6** : Vrai.

Conseils de résolution

Particules dans $\vec{E}$

Le problème est avant tout un problème de mécanique. Il est conseillé :

1. De définir le repère associé au solide de référence
2. De définir comme système la particule.
3. De faire le bilan des forces extérieures appliquées :

   $\vec{F} = q\vec{E}$ et $\vec{P} = m\vec{g}$

   $\vec{P}$ est négligeable devant $\vec{F}$
4. D'écrire la relation fondamentale de la dynamique :

   $m\vec{a} = q\vec{E}$ Soit : $\vec{a} = \frac{q}{m}\vec{E}$

On obtient une équation du même type que pour le centre d'inertie d'un solide dans le champ de pesanteur.

Nous obtenons par intégration : $\vec{V} = \frac{q}{m}\vec{E}t + \vec{V}_0$

$\overrightarrow{OM} = \frac{q}{2m}\vec{E}t^2 + \vec{V}_0 t + \overrightarrow{OM}_0$

On peut projeter ces relations dans un repère orthonormal pour obtenir les équations paramétriques de la vitesse et du vecteur position de la particule (x(t), y(t), z(t)).

Par élimination du temps t, on obtient les équations cartésiennes.

Remarque 1 : La trajectoire est parabolique si le vecteur $\vec{V}(0)$ n'est pas colinéaire à $\vec{E}$

Remarque 2 : La déviation du faisceau à la sortie du champ se calcule de manière très précise (tangente à la trajectoire).

Particules dans $\vec{B}$

On suivra la méthode indiquée ci-dessus et on aboutira à la relation :

$m\vec{a} = q\vec{V}\vec{B}$

Pour étudier le mouvement, il faut montrer que la norme de la vitesse est constante, égale à celle de la vitesse initiale. Puis, lorsque la vitesse initiale $\vec{V}_0$ est orthogonale au champ $\vec{B}$, on en déduit que la trajectoire est plane.

Le choix, comme repère de projection, du repère de Frenet lié à la particule permet de conclure que le mouvement est circulaire, uniforme, de rayon :

$$R = \frac{mV}{|q|B}$$

APPLICATION DIRECTE DU COURS

Exemple 1 : «

Dans un appareil de détection, le rayon de la trajectoire circulaire d'un proton est de 3,6 cm. L'intensité du champ magnétique vaut 1,4T. Calculer la quantité de mouvement de ce proton, sa vitesse et sa vitesse angulaire, sachant que sa masse vaut m_p=1,67 10^{-27} kg.

$p = |q|RB$

Soit : p= 1,6 10^{-19} 3,6 10^{-2} 1,4

p = 8,06 10^{-21} kg.m.s^{-1}

Nous en déduisons sa vitesse : $V = \frac{p}{m}$ =4,83 10^{6} m.s^{-1}

Puis sa vitesse angulaire

$\omega = \frac{V}{R}$ =1,34 10^{8}rad s^{-1}

Exemple 2: « Loi de Laplace »

Dans l'expérience schématisée sur la figure ci-contre, le conducteur rectiligne OA a un poids de 0,1 N. il est parcouru par un courant d'intensité 20A. Le champ magnétique uniforme horizontal, d'intensité 2 10^{-2} T, agit sur la portion CD=L=5cm située au milieu du conducteur.

Calculer l'angle θ que fait, à l'équilibre, le conducteur OA avec la verticale.

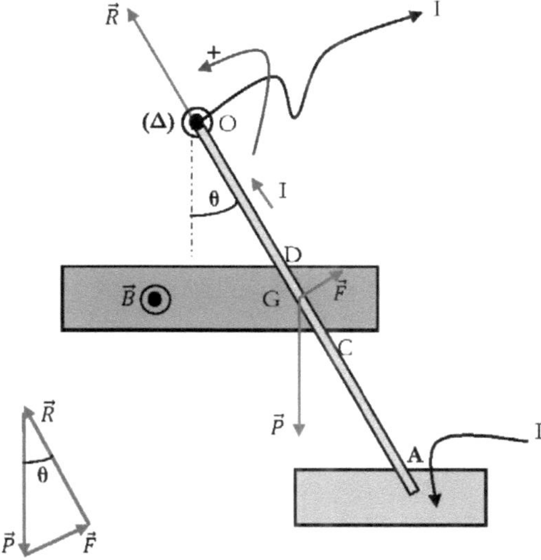

Le fil conducteur OA est soumis :

A son poids $\vec{P} = m\vec{g}$ appliqué en son centre d'inertie G ;

A la force de Laplace $\vec{F}$ appliquée au milieu du segment CD (c'est-à-dire), partie du conducteur plongée dans le champ magnétique ;

A la réaction $\vec{R}$ de l'axe.

Puisque le conducteur est en équilibre, ces trois forces sont concourantes (en G) et leur somme vectorielle est nulle.

$$\vec{P} + \vec{F} + \vec{R} = \vec{0}$$

L'angle θ d'équilibre est alors donné par :

$$\sin\theta = \frac{F}{P}$$

D'autre part, $\vec{B}$ étant orthogonal au conducteur :

F=I L B = 20 5 10^{-2} 2 10^{-2},

Soit: F=2 10^{-2} N;

D'ou : sin θ=0,2 ; et θ=11°30'

Remarquons que la condition d'équilibre sur les moments est vérifiée. En effet, Δ étant l'axe horizontal passant par O, orientons le plan vertical contenant le fil ; il vient :

$$M(\vec{P}) = -P\frac{OA}{2}\sin\theta,$$

$$M(\vec{F}) = F\frac{OA}{2},$$

D'où avec $\sin\theta = \frac{F}{P}$

$$M(\vec{P}) + M(\vec{F}) + M(\vec{R}) = 0$$

Exemple 3: « *Application pratique* »

Un moteur à courant continu absorbe 30A sous 230V. La résistance de l'induit est 0,3Ω et sa vitesse de rotation 650 tr.min^{-1}. Calculer :

1. La force contre-électromotrice du moteur et la puissance électrique convertible en puissance mécanique.
2. Le moment du couple moteur.
3. Le rendement énergétique du moteur.

Solution Exemple 3 « *Application pratique* »

Nous avons :

$$é = U_{AB} - RI$$

$$é = 230 - 0{,}3\ 30 = 221V$$

La puissance électrique convertible en puissance mécanique est donc : $\acute{P} = \acute{e}I = 221\ 30 = 6630W$

Le moment du couple moteur est donné par :

$$M = \frac{\acute{P}}{\omega} = \frac{6630 \times 60}{2\pi \times 650} = 67{,}4N.m$$

Le rendement énergétique électrique-mécanique du moteur est égal a :

$$\eta = \frac{\acute{P}}{P} = \frac{\acute{e}I}{U_{AB}I} = \frac{\acute{E}}{U_{AB}}$$

D'où :

$$\eta = \frac{221}{230} = 0{,}96\ soit\ 96\%$$

Un moteur électrique est un très bon convertisseur d'énergie.

Exercice D.1***« *Faisceau d'électron chargé dans un champ magnétique uniforme* »

On observe la trajectoire d'un faisceau d'électron dans une ampoule contenant un gaz sous faible pression. Cette ampoule est placée dans un champ magnétique uniforme $\vec{B}$ horizontal crée par deux bobines de Helmholtz parcourues par un courant d'intensité I.

Le faisceau est issu d'un « canon à électrons » dans lequel les électrons accélérés sous une tension U acquièrent un vecteur vitesse $\vec{V_0}$ vertical.

Sous l'action du champ $\vec{B}$, les électrons décrivent un cercle. Ce cercle peut être photographié, et son rayon mesuré. On fait plusieurs expériences et on note :

	1ére expérience	**2éme expérience**	**3éme expérience**
I(A)	1,2	1,3	2,1
U(V)	150	350	600
R (cm)	4,6	6,5	5,2

1. Quel est le rôle du gaz sous faible pression dans l'ampoule ? Que se passerait-il si on réalisait un vide très poussée dans l'ampoule. ?
2. Quelle est la condition portant sur la direction du vecteur vitesse initiale $\vec{V_0}$ pour que la trajectoire soit un cercle ?
3. Rappeler la formule donnant le rayon R de la trajectoire en fonction de e, m, B et V_0. On justifiera que le mouvement est uniforme.
4. Sachant que la norme B du champ magnétique est proportionnelle à l'intensité I du courant circulant dans les bobines d'Helmholtz, monter que les résultats de l'expérience sont conformes à ce que l'on peut attendre de la théorie. Sur quelle grandeur, la précision de la mesure est-elle la plus petite ?

On doit donc vérifier pour les 3 expériences ce résultat.

	1ére expérience	**2éme expérience**	**3éme expérience**
$\frac{RI}{\sqrt{U}}$	0,4507	0,4516	0,4458

Aux erreurs de mesure près, nous pouvons donc admettre que les résultats de l'expérience sont conformes à ceux prévus par la théorie.

La principale erreur provient de la mesure du rayon du cercle. En effet, la tension et l'intensité du courant peuvent être mesurées avec une bonne précision avec des appareils de qualité. En revanche, la mesure du rayon est délicate.

DU MAL A DEMARRER ?

Corrigé Exercice D.1***« *Faisceau d'électron chargé dans un champ magnétique uniforme* »

Il permet de visualiser la trajectoire des électrons. Dans un vide très poussé, la trajectoire serait invisible.

La vitesse initiale $\vec{V_0}$ doit être perpendiculaire au champ magnétique $\vec{B}$. La force qui s'exerce sur les électrons doit être centripète.

La trajectoire est décrite à vitesse constante ($V=V_0$) : la puissance de la force de Lorentz est nulle ; l'énergie cinétique des particules reste donc constante (théorème de l'énergie cinétique)

$P = mV_0 = qRB$ $\qquad R = \frac{mV_0}{qB}$ (1)

B est proportionnel à l'intensité I :

$B = kI$

L'énergie cinétique des électrons $\frac{1}{2}mV_0^2$ est proportionnelle à la tension d'accélération :

$$\frac{1}{2}mV_0^2 = qU$$

La vitesse V_0 est donc proportionnelle à $\sqrt{U}$: $V_0 = k\sqrt{U}$ en prenant B et V_0 dans la formule il vient :

$$\frac{1}{2}mV_0^2 = qU$$

RAPPEL MATHEMATIQUE

Identités trigonométriques :1 $- \cos\alpha + \cos\beta = 2\cos\frac{1}{2}(\alpha+\beta)\cos\frac{1}{2}(\alpha-\beta)$

$$2 - \sin\alpha \pm \sin\beta = 2\sin\frac{1}{2}(\alpha\pm\beta)\cos\frac{1}{2}(\alpha\mp\beta)$$

Formule quadratique $x = \frac{-b\pm\sqrt{b^2-4ac}}{2a}$

Développement de Taylor : $e^x = 1 + \frac{x}{1!} + \frac{x^2}{2!} + \frac{x^3}{3!} + \cdots, \ -\infty < x < \infty$

Constantes physiques

Nom	Symbole	Valeur approchée	Valeur précise*
Charge élémentaire	*e*	*1,602 x 10^{-19} C*	*1,60217733(49) x 10^{-19} C*
Constante de Boltzmann	***K=R/N$_A$***	***1,381** x 10^{-23} J/K*	***1,380658(12)** x 10^{-23} J/K*
Constante de gravitation	***G***	***6,672** x 10^{-11} N.m^2/kg^2*	***6,67259(85)** x 10^{-11} N.m^2/kg^2*
Constante de la loi de Coulomb	***k(=1/4πε$_0$)***	***9,00** x 10^9 **N.m^2/C^2***	***8,9875518** x 10^9 **N.m^2/C^2***
Constante de Planck	***h***	***6,626** x 10^{-34} **J.s***	***6,6260755(40)** x 10^{-34} **J.s***
Constante des gaz parfaits	***R***	***8,314 J/(K.mol)***	***8,314510(70) J/(K.mol)***
Masse de l'électron	***m$_e$***	***9,109** x 10^{-31} **kg***	***9,1093897(54)** x 10^{-31} **kg***
Masse du proton	***m$_p$***	***1,672** x 10^{-27} **kg***	***1,6726231(10)** x 10^{-27} **kg***
Nombre d'Avogadro	*N$_A$*	***6,022** x 10^{-27} **mol^{-1}***	***6,0221367(36)** x 10^{-27} **mol^{-1}***
Perméabilité du vide	***μ$_0$***	–	***4π** x 10^{-7} **N/A^2 (exacte)***
Permittivité du vide	***ε$_0$=1/(μ$_0$c^2)***	***8,854** x 10^{-12} C^2/(N.m^2)*	***8,854187818** x 10^{-12} C^2/(N.m^2)*
Unité de masse atomique	U	***1,661** x 10^{-27} **kg***	***1,6605402(10)** x 10^{-27} **kg***
Vitesse de la lumière dans le vide	***C***	***3,00** x 10^{-27} **m/s***	***2,99792458** x 10^{-27} **m/s***
Constante de Biot et Savart	***k'***	***10^{-7} T. m. A^{-1}***	***10^{-7} T. m. A^{-1}***

*E.Richard Cohen et B.N. Taylor, *Reviews of Modern Physics,* vol. 59, n°4, octobre 1987, p 1121. Les nombres entre parenthèses indiquent l'incertitude sur les deux derniers chiffres.

Abréviations des unités courantes

Ampère	**A**	Kelvin	**K**
Année	**A**	Kilocalorie	**kcal (Cal)**
Angström	**A°**	Kilogramme	**kg**
Atmosphère	**Atm**	Livre	**lb**
British thermal unit	**Btu**	Mètre	**M**
Candela	**Cd**	Minute	**min**
Coulomb	**C**	Mole	**mol**
Degré Celsius	**°C**	Newton	**N**
Degré Fahrenheit	**°F**	Ohm	**Ω**
Electronvolt	**eV**	Pascal	**Pa**
Farad	**F**	Pied	**pi**
Gauss	**G**	Pouce	**po**

Gramme	**g**	Seconde	**S**
Henry	**H**	Tesla	**T**
Heure	**h**	Unité de masse atomique	**u**
Horse-power (puissance cheval)	**hp**	Volt	**V**
Hertz	**Hz**	Watt	**W**
Joule	**J**	Weber	**Wb**

Données terrestres et solaires

Les valeurs numériques ont été arrondies au troisième chiffre significatif par commodité.

Pression atmosphérique standard	**1 atm** **1,013 x 10^5 Pa** **1,013 bar** **760 mm** **760 torr**
Accélération de gravité g	**9,81 $m.s^{-2}$**
Champ magnétique	**5,7 x 10^{-5} T**
Vitesse du son (air sec, 20° C)	**344 m/s**
Masse de la terre	**5,98 x 10^{24} kg**
Volume de la terre	**1,09 x 10^{21} m^3**
Rayon moyen de la terre	**6,38 x 10^6 m**
Densité moyenne de la terre	**5,52 x 10^3 $kg.m^{-3}$**
Vitesse angulaire moyenne de rotation de la terre	**7,29 x 10^{-5} $rad.s^{-1}$**
Distance moyenne terre – soleil	**1,50 x 10^{11} m**
Distance moyenne terre- lune	**3,84 x 10^8 m**
Vitesse orbitale moyenne de la terre autour de soleil	**2,98 x 10^4 m/s**
Soleil : rayon moyen	**6,95 x 10^8 m**
Masse	**1,99 x 10^{30} kg**
Lune : rayon moyen	**1,74 x 10^6 m**
Volume	**2,20 x 10^{19} m^3**
masse	**7,35 x 10^{22} kg**
densité moyenne	**3,34 x 10^3 kg m^{-3}**
accélération de la gravité	**1,62 m/s^2**

Préfixes des puissances de dix

Puissance	Préfixe	Abréviations	**Puissance**	Préfixe	Abréviations
10^{-18}	atto	a	**10^1**	déca	da
10^{-15}	Femto	f	**10^2**	hecto	h
10^{-12}	Pico	p	**10^3**	kilo	k
10^{-9}	Nano	n	**10^6**	méga	M
10^{-6}	Micro	µ	**10^9**	giga	G
10^{-3}	Milli	m	**10^{12}**	téra	Ttt
10^{-2}	centi	c	**10^{15}**	péta	P
10^{-1}	déci	d	**10^{18}**	exa	E

Content

Printed by Books on Demand GmbH, Norderstedt / Germany